马铃薯面条加工技术与装备

张　泓　主编

科 学 出 版 社

北　京

内 容 简 介

随着我国马铃薯主食化战略的推进，马铃薯主食加工产业正在全国迅速兴起，实现其由副食消费向主食消费、由温饱型消费向营养健康型消费的重大转变。马铃薯面条制品是马铃薯主食的重要代表性品类，本书以图文并茂的形式和众多实例叙述了马铃薯面条的原辅料、加工原理，马铃薯鲜切面、挂面、低 GI 面条的加工技术与装备，以及马铃薯面条营养品质的评价等。

本书适合从事马铃薯食品加工研究人员及工程技术人员参考阅读，也适合政府主管部门了解我国马铃薯主食加工产业现状，为制定相关标准及政策法规提供决策依据。

图书在版编目（CIP）数据

马铃薯面条加工技术与装备 / 张泓主编. —北京：科学出版社，2022.2
ISBN 978-7-03-070449-8

Ⅰ. ①马… Ⅱ. ①张… Ⅲ. ①马铃薯 – 面条 – 食品加工 Ⅳ. ①TS213.24

中国版本图书馆 CIP 数据核字（2021）第 222666 号

责任编辑：贾 超 李丽娇 / 责任校对：杜子昂
责任印制：吴兆东 / 封面设计：东方人华

科学出版社 出版
北京东黄城根北街 16 号
邮政编码：100717
http://www.sciencep.com
北京中科印刷有限公司 印刷
科学出版社发行 各地新华书店经销
*
2022 年 2 月第 一 版 开本：720 × 1000 1/16
2022 年 2 月第一次印刷 印张：9 1/4
字数：180 000

定价：98.00 元

（如有印装质量问题，我社负责调换）

编 写 人 员

主　　编： 张　泓

参编人员： 胡宏海　刘倩楠　毕红霞　吴　娱
黄艳杰　徐　芬　张　荣　胡小佳
姚晓静　王　娴

前　　言

追溯渊源，面条至少起源于我国夏朝。2002 年，中国考古工作者在青海发掘人类聚落遗址时，赫然发现了一碗面。这就是号称“东方庞贝”的喇家遗址，现场有一个倒扣于地下的红色陶碗，揭开积满的泥土之后，竟然是卷曲缠绕的面条状食物遗存，令世人惊叹不已。此前，关于我国面条的历史记载，最早只能追溯到东汉；而在世界上，意大利人和阿拉伯人都自豪地认为他们是面条的发明人，以面条为主食已经有 2000 多年的历史。然而，这碗出土的面条改变了世界面食文化的格局，一举将中国人吃面的历史往前推移到了 4000 多年前。

面条古称“索饼”“煮饼”“水饮饼”。当时所有面食皆称“饼”，在汤中煮的称为“汤饼”。面条在魏晋南北朝时期已基本形成，称为“馎饦”“不托”。早期“汤饼”呈片状，之所以称之为面，是因为“汤饼”的形状与人的“面部”十分相似。后来虽然逐渐演变为条状，但仍以“面”“水面”“奢面”“面条子”等称谓。到唐朝出现了“冷淘”的过水凉面，同时兴起一阵吃寿面的习俗；元朝出现了可以长期保存的“挂面”；明朝有了讲究技艺的“抻面”，以至演变出刀削面；在清朝，最有意义的是“五香面”和“八珍面”，乾隆年间又出现了独特的“依府面”。发展到今天，中式面条作为日常生活的主食已成为一种传统的面制膳食，面条的种类繁多，如手擀面、鲜切面、挂面、线面、方便面等，吃法也更加丰富。

在唐朝贞观时期，我国面条传入日本，并得到快速发展，流传至今形成了远近闻名的日式乌冬面、日式拉面等。后来又相继传到韩国和新加坡等亚洲各国。元朝时期，旅行家马可·波罗将中国传统面条的加工技艺带到欧洲，并逐渐演变成意大利面及通心面。之后，面条加工技术传遍了欧亚、美洲乃至全球。如今，面条已成为全球的两大面类制品之一，年产量仅次于面包，居世界第二位。

传承了数千年的中式面条主要以小麦粉为原料，特别是随着小麦粉加工精度的日益提高，小麦粉面条的营养单一化问题凸显。如今的消费者对于营养型主食的需求越来越高，向小麦粉中添加其他杂粮或蔬菜而制得的新型营养面条受到越来越多的消费者追捧。

马铃薯富含人体所需的多种营养成分，包括碳水化合物、蛋白质、矿物质（如 K、Ca、P、Fe 等）及各类维生素（维生素 C、胡萝卜素、维生素 B_1、维生素 B_2、维生素 B_3 等），同时含有丰富的膳食纤维及多酚等抗氧化物质。马铃薯干物质中仅含有 0.2%左右的脂肪，属于低脂肪食品。而马铃薯干物质中蛋白质含量约为 10%，与小麦粉中的蛋白质含量相当；并且马铃薯蛋白质中氨基酸组成更为合理，必需氨基酸含量明显高于联合国粮食及农业组织（Food and Agriculture Organization of the United Nations，FAO）和世界卫生组织（World Health Organization，WHO）的必需氨基酸推荐值，特别是富含其他粮食作物缺乏的赖氨酸，具有很高的营养价值。马铃薯具有产量高、营养丰富的特点，因此可以弥补其他粮食作物产量的不足及营养素的缺乏，是保障食物安全的一种重要的粮食作物。据统计，目前全球有超过 20 亿人口以马铃薯作为食物及经济收入的主要来源。

我国马铃薯资源十分丰富。目前，我国马铃薯种植面积约 480 万公顷，占世界总种植面积的 28%，马铃薯产量占世界总产量的 1/4。2019 年我国马铃薯产量达到 0.92 亿吨，居世界首位。然而由于受多种因素的制约，我国马铃薯的消费以鲜食菜用为主，缺乏适合我国居民饮食习惯的马铃薯主食产品，加工关键技术及装备也多依赖从国外引进与改造，极大地限制了马铃薯消费的可持续性增长。能将马铃薯与小麦等原料复配加工成一种新型的营养面条主食，对于提高我国马铃薯的利用率，改善我国国民膳食营养结构具有重要意义。

为此，国家在 2015 年开始实施马铃薯主食化战略。农业农村部和中国农业科学院紧紧围绕国家马铃薯主食化战略的目标，本着“营养指导消费、消费引导生产”的方针，聚焦马铃薯主食化加工的技术瓶颈，集农产品加工、食品科学、生物科学、营养科学、制造科学和农经信息等多学科的力量协同攻关。作者有幸参加了国家马铃薯主食化项目的系统研究工作，利用马铃薯与小麦、玉米、杂粮等原料复配，成功开发出马铃薯鲜切面、挂面、低 GI（血糖指数）面条等，极大地丰富了我国国民面制主食的花色品种，结束了不含面筋的马铃薯不能制作面条的历史。研究成果在北京、河北、内蒙古、上海、湖北、四川、贵州、甘肃、宁夏等省（自治区、直辖市）进行了广泛的推广与示范。现将马铃薯面条加工技术与装备的研究成果加以概括和总结，重点突出马铃薯面条的原料品种、加工原理、工艺技术、装备研制及自动化生产线的配置等落地性成果。在研究项目的成果产出和本书的撰写过程中，参与研究开发和编写的全体人员付出了辛勤的劳动，更得到科学技术部、农业农村部、中国农业科学院，特别是农产品加工研究所多位领导和专家的大力支持和鞭策鼓励，各应用企业提供了完善的技术推广与生产示范基地，在此表示衷心的感谢！

由于编者学识有限，加之时间仓促，书中不妥之处在所难免，敬请读者批评指正。

2022 年 2 月

目　录

第 1 章　马铃薯面条的原辅料

马铃薯面条是以马铃薯全粉或薯泥按照一定比例与小麦粉或其他谷物粉作为主要原料混合复配制作而成。为了提高马铃薯面条的品质，还需要添加如谷朊粉、食盐等辅助原料。

1.1　马铃薯原料

1.1.1　马铃薯的起源与传播

马铃薯（*Solanum tuberosum* L.）为茄科茄属一年生草本植物，又称为土豆、洋芋或山药蛋等，食用部分为其块茎。关于马铃薯的起源，世界普遍认为马铃薯的野生种起源于中美洲及墨西哥，而马铃薯的栽培种起源于南美洲秘鲁和玻利维亚交界处的盆地中心地区和秘鲁、玻利维亚沿安第斯山麓以及乌拉圭等地区。

马铃薯首先从南美洲经由两条线路传到欧洲：一条是 1551 年西班牙人将块茎带到西班牙并介绍给国王，1570 年引进并在西班牙南部种植，之后传播到欧洲大部分国家以及亚洲的一些国家和地区；另一条是 1588～1593 年，马铃薯被引种到英格兰，并在英国及北欧诸国广泛种植，后又引种至大不列颠所属殖民地及北美洲。马铃薯引入中国的时间较为公认的是明朝万历年间（1573～1620 年）。引入途径有两种可能：一是由海路进入中国的华北地区，或经台湾传至福建、广东等省；另一种可能是从陆上经西南或西北进入中国，故西南和西北至今仍将马铃薯称为洋芋。由于马铃薯非常适合在高寒地区生长，自马铃薯引入中国后，在甘肃、陕西、山西、内蒙古、黑龙江、河北、云南及贵州等地得到迅速普及。

马铃薯是世界上仅次于玉米、小麦和水稻的第四大粮食作物。为缓解粮食危机，实现千年发展目标，联合国将 2008 年确定为“国际马铃薯年”。这是联合国有史以来第二个以作物命名的年份，充分说明马铃薯在保障粮食安全方面的重要地位。

1.1.2　马铃薯的营养成分及价值

马铃薯在我国一直被误认为是一种解决温饱的食物，其营养价值被大大地低估了，这归因于它的高碳水化合物含量，但实际上马铃薯在全球是公认的“全营养食物”，因其块茎中除了含有大量淀粉提供能量外，还是具有更高生物价值蛋白质的优秀来源。马铃薯的蛋白质生物价（biological value，BV）为90～100，与全蛋的BV相当（100），高于大豆（BV=84）和豆类（BV=73），而且马铃薯蛋白质中的氨基酸组成也更合理；马铃薯还富含多种具有良好抗氧化活性的植物营养素，如类胡萝卜素、多酚、酚酸和黄酮等；还含有大量的矿物质，如K、P、Mn、Fe等，却含有极少量的胆固醇、脂肪和钠。药理研究也证明，马铃薯具有清除自由基、抗衰老、降低胆固醇、防止动脉硬化、补气养血和健脑益智等功效。

在宏量营养素中，马铃薯块茎中的干物质含量一般为15%～28%（均为湿基），而有些品种的马铃薯，如甘肃省农业科学院马铃薯研究所选育的‘陇薯8号’干物质含量高达31.9%（湿基），而马铃薯的产量、干物质含量和干物质的组成受品种、土壤类型、温度、种植区域、栽培方法、成熟度、收获后储藏条件和其他因素的影响。淀粉占马铃薯干物质总量接近70%，含量可达到块茎湿基的12.6%～18.2%。马铃薯淀粉由大量的支链淀粉和少量直链淀粉组成。马铃薯和马铃薯制品的营养品质和加工品质受其淀粉特性的影响较大。当单独烤制、蒸煮或捣碎食用马铃薯时，通常与其他淀粉类主食一样有较高的血糖指数（glycemic index，GI），但在复杂的食物体系中，如谷物、奶酪、蔬菜、豆腐、鸡蛋的加入可以大幅度降低其GI值。马铃薯通常不被认为是一种重要的蛋白质来源，主要原因是人们习惯用含水量达70%的鲜薯与米面原料相对比。实际上，与按照干物质的状态相比，马铃薯中的蛋白质无论是质还是量，均优于大米和小麦粉。其氨基酸组成也十分均衡，如赖氨酸（61mg/g蛋白质）、蛋氨酸及半胱氨酸（Met+Cys=28.8mg/g蛋白质）、色氨酸（15.5mg/g蛋白质）、苏氨酸（36.3mg/g蛋白质），尤其是赖氨酸的比例很高，这在其他农作物中相对缺乏。马铃薯蛋白质通常分为三个组分：糖蛋白patatin（约40%）、蛋白酶抑制剂（约50%）和其他大分子蛋白质（约10%）。patatin是一种分子质量为40～45kDa（$1Da=1.66054\times10^{-27}kg$）的二聚体糖蛋白，存在许多亚型。patatin蛋白已被证明具有抗氧化能力和脂肪酰基水解酶（LAH）活性，而且具有良好的起泡性和乳化能力。蛋白酶抑制剂的分子质量范围为5～25kDa，已被证实具有很多有益的特性，如抗癌、抗菌和通过释放饥饿抑制剂胆囊收缩素提高饱腹感。Burlingame等（2009）总结了41种马铃薯的蛋白质含量，发现蛋白质占块茎湿基的0.85%～4.2%，其中蛋白质含量最高的品种是来自西班牙的Roja Riñon品种，含量最低的品种是来自阿根廷的Revolución品种。田甲春等（2017）则对采自甘肃省农业科学院马铃薯研究所的19个中国当地马铃薯品种的营养成分进行了分析，结果发现这19个品种的蛋白质含量在1.66%～3.11%（湿基）之间，平均值大于Burlingame等（2009）报道的结果，其中‘陇薯8号’的蛋白质含量最高。

马铃薯富含包括抗性淀粉在内的膳食纤维。膳食纤维具有预防慢性疾病和调节肠道功能等方面的生理功能。合理的烹饪方法会增加不溶性膳食纤维的含量。煮熟的去皮马铃薯可提供 1.8g/100g 膳食纤维，而煮熟的带皮马铃薯则可提供 2.1g/100g 膳食纤维。马铃薯含有的膳食纤维少于全谷物玉米（7.3g/100g）、豆类（5.5g/100g）、芋头（5.1g/100g）和豆薯（4.9g/100g），但比白米饭（0.3g/100g）、全麦麦片（1.6g/100g）、洋葱（1.4g/100g）和球茎甘蓝（1.1g/100g）所含的膳食纤维多。马铃薯虽然不能被认为是一种特别高膳食纤维的食品，但它可以作为经常食用马铃薯人群的重要膳食纤维的来源。曾有一项关于个人食物摄入量的连续调查数据的分析表明，马铃薯提供了低收入妇女总膳食纤维的 11%。

马铃薯块茎中，葡萄糖、果糖和蔗糖是三种主要的小分子糖类，新鲜马铃薯块茎中小分子糖类的总含量为 1%～7%，其中还原糖含量为 0.02%～0.52%。马铃薯中脂类含量非常低，占到鲜重的 0.05%～0.51%，它被认为是一种低脂肪、0 反式脂肪酸、不含胆固醇的食物。

在微量营养素中，马铃薯块茎中含有相当数量的维生素 C（高达 42mg/100g）、维生素 B_6 和维生素 B_3，矿物质 K（高达 693.8mg/100g）、P（高达 126mg/100g）、Mg 和 Fe。马铃薯是世界范围内的一种重要的生物可利用维生素 C 的膳食来源。在美国，马铃薯被称为维生素 C 的极好来源（占到每日摄入量的 20%），并且排在高含量维生素 C 食物的前五位。同时，马铃薯也是维生素 B_6（0.15～0.3mg/100g）的良好来源（每份供应占每日摄入量超过 10%），它们含有比其他水果和蔬菜（如香蕉、橙子和蘑菇）更多的钾。此外，马铃薯是叶酸（10.3～15.0μg/100g 干基）、维生素 B_1（0.022～0.36mg/100g 干基）和维生素 B_2（0.08～0.11mg/100g 干基）的一种良好来源（每份供应占每日摄入量的 2%），并可提供 P（33～126mg/100g 干基）、Mg（10.8～37.6mg/100g 干基）和 Fe（0.14～10.4mg/100g 干基）等矿质元素。美国食品药品监督管理局（FDA）也声称高钾低钠的马铃薯可以降低患高血压和中风的风险。

除了提供能量，马铃薯还含有大量可促进人体健康的植物次生代谢产物，如酚类（多酚含量 530～1770μg/g 湿基）、黄酮类（200～300μg/g 湿基）、花青素（0.0～508mg/100g 湿基）和类胡萝卜素（2700μg/100g 湿基）等。马铃薯的新鲜薯肉和皮分别含有 30～900mg/kg 和 1000～4000mg/kg 的绿原酸。彩色马铃薯品种中更富含抗氧化物质（如花青素和类胡萝卜素）。如果采用适当的烹饪方法不会破坏这些抗氧化物质，可有助于预防慢性疾病，如心血管疾病、动脉粥样硬化、类风湿性关节炎和癌症。马铃薯中含有的类胡萝卜素、叶黄素和玉米黄质被认为是人类视网膜的组成成分。食用紫肉马铃薯可显著降低超重人群的舒张压，食用者具有较低的 C 反应蛋白（C reactive protein，CRP）浓度，而食用紫肉马铃薯和黄肉马铃薯后体内含有较低水平的促炎性细胞因子白细胞介素-6（IL-6）和DNA分子氧化损伤标记物8-羟基脱氧鸟苷，因此马铃薯是对心血管有益的生物活性化合物的良好来源，还可以抗炎。

综上所述，马铃薯虽然具有较低的能量密度，但是含有优质的蛋白质、膳食纤维、维生素（尤其是维生素C和B族维生素）、矿物质（特别是K），还具有重要的抗氧化活性的植物次生代谢产物，以及可以忽略不计的脂肪和钠。因此，马铃薯对人类营养和健康发挥着非常重要的作用。

1.1.3 面条加工专用马铃薯品种的筛选

目前，在我国达到一定栽培推广面积的马铃薯品种有近百种，其加工特性各不相同。根据马铃薯面条加工特性的要求，需要筛选和培育适宜面条加工的专用原料品种。

在系统分析67个主栽马铃薯品种的淀粉、蛋白质、粗纤维和氨基酸等主要组分含量的基础上，揭示了中式马铃薯面条加工特性与马铃薯原料理化特性的相关性，构建了基于淀粉、蛋白质、粗纤维和色泽等主成分因子的马铃薯原料评价方法，提出马铃薯面条加工品种“三高一低一白”的筛选指标或育种目标。“一高”是高干物质含量，≥24g/100g干基。马铃薯含水量较高，高干物质含量有利于马铃薯面条的出成率，降低生产成本。“一高”是高蛋白质含量，≥7g/100g干基。马铃薯蛋白质不仅可以提高面条的营养品质，更重要的是蛋白质在适宜的加工工艺条件下可以形成“类面筋”。“一高”是高抗氧化活性，总酚含量≥65mg/100g干基。新鲜马铃薯薯肉暴露在空气中时容易被氧化，导致色泽变深，直接影响面条的食用品质。马铃薯所含的天然多酚类物质具有抗氧化活性，因此应选择总酚含量高的马铃薯品种。此外，由于多酚类化合物的分子结构中有若干个酚羟基，如单宁类和酚酸等，进入人体后具有吞噬自由基的能力而表现出抗氧化活性。“一低”是低多酚氧化酶（PPO）活性，PPO活性低于50U/g湿基。多酚氧化酶是一种蛋白体，在马铃薯加工过程中参与一系列由酶促活动而引起的化学变化，特别是酶促褐变反应。“一白”是白色薯肉，总色差ΔE低。传统面条多由小麦粉加工而成，色泽洁白，消费者往往将面条的白度作为选择产品的重要标准。马铃薯薯肉的颜色有白色、黄色、红色、紫色等，添加白色薯肉加工出的面条色泽接近小麦粉面条。上述“三高一低一白”的筛选指标为中式马铃薯面条加工专用品种的筛选和育种提供了理论依据。

1.1.4 面条加工用马铃薯原料的类型

目前，马铃薯面条加工常用的马铃薯原料类型主要包括马铃薯全粉（熟全粉或生全粉）、马铃薯泥以及其他形式的马铃薯原料（马铃薯丁、马铃薯片和马铃薯浆等）。

1. 马铃薯全粉

马铃薯全粉又称马铃薯粉，是利用新鲜马铃薯块茎经特殊工艺及设备加工，细胞单体和几个到几十个细胞形成的聚集体组成的粉状散粒体和片状食品原料，它的特点是具有新鲜马铃薯的风味和营养价值。马铃薯全粉和马铃薯淀粉是两种截然不同的制品，其根本区别在于：前者在加工中没有破坏植物细胞，基本上保持了细胞壁的完整性。虽经干燥脱水，但一经适当比例的水复水，即可重新获得类似新鲜的马铃薯泥，具有鲜马铃薯特有的香气、风味、口感和所有营养素，仍然保持了马铃薯天然的风味及固有的营养价值。而马铃薯淀粉则是在破坏了马铃薯的细胞后提取出来的单一淀粉物质，淀粉不再具有马铃薯的风味和其他营养素。马铃薯全粉根据其加工方式的不同可分为马铃薯熟全粉和马铃薯生全粉。

1）马铃薯熟全粉

马铃薯熟全粉因加工工艺过程的后期处理不同又派生出两种不同风格的产品，分为马铃薯颗粒全粉和马铃薯雪花全粉。马铃薯颗粒全粉外观呈白色或浅黄色的沙粒状，细胞完好率在90%以上；马铃薯雪花全粉外观呈白色薄片状，细胞被破坏较多。相较而言，马铃薯颗粒全粉的口感更接近马铃薯原有的风味。

马铃薯熟全粉的特点是能最大限度地保持马铃薯中原有的营养成分。马铃薯熟全粉既可作为最终产品食用，也可作为加工各种马铃薯食品的原料。马铃薯全粉复水后即成马铃薯泥，可直接食用，产品具有营养丰富和口味纯正的特点，为广大消费者所接受，其食用方法简单、易消化的优点更被婴幼儿和中老年人所喜爱，是婴幼儿和中老年人的理想营养食品。马铃薯全粉作为加工原料，在面条中添加到一定比例时能提高面条的营养价值；除此之外，还有研究表明，在面包中添加马铃薯全粉可以防止面包老化，延长保存期；90%的马铃薯全粉和 10%的牛奶粉配合可制成奶式复合冲剂；加工虾片、糕点类食品时均可添加 10%以上的马铃薯全粉。以马铃薯全粉为原料，经科学配方添加相应营养成分，可制成全营养、多品种和多风味的方便食品，如雪花片类早餐粥、肉卷、饼干、牛奶土豆粉、肉饼、丸子、饺子、酥脆薯片等，也可以马铃薯全粉为“添加剂”制成冷饮食品、方便食品、膨化食品及特殊人群（糖尿病患者、老年人、妇女和儿童等）食用的多种营养食品、休闲食品等。马铃薯全粉加工工艺流程如图 1-1 所示。

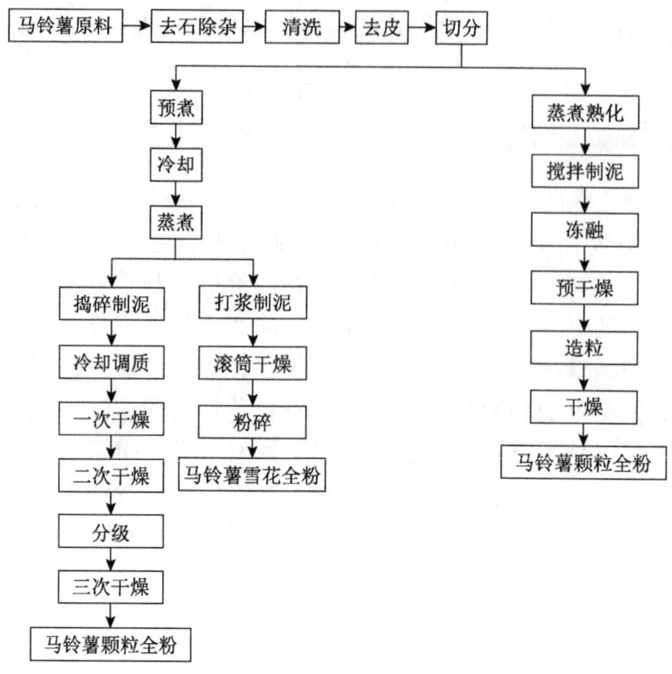

图 1-1　马铃薯全粉加工工艺流程

不同的加工工艺使得马铃薯的各项特征指标有所不同，具体如表 1-1 所示。

表 1-1　马铃薯全粉不同加工工艺的特征指标

编号	对比项目	回填法颗粒全粉加工工艺	雪花全粉工艺	冻融法加工工艺
1	切片厚度/mm	10～25	8～10	10～25
2	淀粉形态	老化回生	α 化	老化回生
3	预处理	需预热处理	需预热处理	不需预热处理
4	干燥原理	气流干燥	滚筒干燥	低温冷冻、气流干燥
5	干燥设备	气流干燥、沸腾流化床	滚筒式干燥机	低温冷冻设备、热风干燥器
6	干燥过程	分级干燥	直接干燥	预干燥
7	产品形态	0.07～0.5mm 薄片	3～10mm 薄片	0.07～0.5mm 细颗粒
8	细胞完整度	好	较好	最好
9	细胞受损程度	较低（12%～17%）	较高（20%～70%）	低（8%～15%）
10	设备投资成本	高	较低	较高
11	能耗	高	较低	较高
12	产量	高	较低	较高

续表

编号	对比项目	回填法颗粒全粉加工工艺	雪花全粉工艺	冻融法加工工艺
13	包装、储运成本	低廉	较高	低廉
14	产品价格	较高	较低	较高

由于马铃薯熟全粉中的淀粉已经糊化，与小麦粉混合，加水和成的面团黏度较大，给马铃薯面条的加工工艺带来一定的难度。

2）马铃薯生全粉

马铃薯生全粉是以新鲜马铃薯块茎为原料，经清洗、去皮、切块后，先用护色液浸泡护色，取出沥干后经过热风烘干、真空干燥或冷冻干燥进行脱水；然后经粉碎、过筛、包装即为马铃薯生全粉。此外，还有人发明了微波干燥方法制备马铃薯生全粉，此方法也是以新鲜马铃薯为原料，经拣选、清洗、去皮后将马铃薯切成 8～10mm 的薄片，然后将薄片放入清水中浸泡 15～20min，沥干薄片表面的水分，进入冷冻隧道迅速降温至马铃薯薄片中心温度为−10～−12℃，速冻的时间控制在 15min 之内。随后将低温速冻的马铃薯薄片在碎冰机中粉碎成马铃薯冰粒，并在 3000W 微波功率下进行微波干燥，直至水分含量降至 8%以下。最后经研磨，过 80～100 目筛制得马铃薯生全粉。马铃薯生全粉能最大限度地保持马铃薯的色香味。马铃薯生全粉质量较高，其蛋白质具有生物活性，在揉面过程中能发生蛋白质间的相互作用，促进面筋网络结构的形成。同时，马铃薯生全粉中的淀粉未发生糊化，黏度较低，适合马铃薯面条的加工。

2. 马铃薯泥

马铃薯泥是马铃薯经清洗、去皮、切片、护色、蒸煮和制泥等处理，配以乳化剂、增稠剂等经调配得到类似泥状的物质。马铃薯泥是典型的塑性流体，在重力作用下能保持原有的形状，然而，如果受到大于重力的作用力，就能类似液体一样流动。移去作用力时，保持即时形状并停止流动。马铃薯泥同时表现出固体性质和流体性质，属于半固态食品，是一种含有众多大分子在内的多组分系统，也是一个黏弹性系统，既具有纯黏性流体的黏性特征，又具有纯弹性固体的弹性特征。

马铃薯泥可以由鲜马铃薯制作后，直接用于面条加工，或经速冻成冷冻马铃薯泥进入流通渠道再利用。冷冻的鲜马铃薯泥作为马铃薯面条的原料，使用前解冻即可。马铃薯泥冻融循环过程中会面临如脱水收缩、感官或质构变化等质量问题。马铃薯泥作为一种高淀粉类的半固体食品，经过冷冻和解冻，其黏性和粉质结构都会受到不同程度的破坏，此外还必须考虑植物的细胞结构对产品口感和风味的影响。要完全解决高淀粉类食品的冻融稳定性问题比较困难，可以通过控制影响淀粉冻融稳定性的因素，减轻淀粉的脱水收缩，从而提高其冻融稳定性。此外，可以通过提高冷冻速度和降低储存温度来提高淀粉的冻融稳定性，但是这需要增加较高的加工和储存成本。因此，通过马铃薯泥流变学性质研究改进配方和加工工艺，对改善马铃薯泥产品的质量和货架期非常重要。例如，欧洲的比利时LUTOSA公司等已研究出免去脱水复水过程直接速冻的马铃薯泥，并投入生产。国内利用鲜马铃薯直接制泥后速冻的加工生产尚处于起步阶段。

马铃薯泥也可由脱水马铃薯全粉加入温水搅拌制成。目前，发达的欧美国家马铃薯泥生产技术达到较高水平，已筛选出适合制作马铃薯泥的专用品种，要求薯形整齐，表面光滑、芽眼少，有合适的蛋白质与淀粉含量比例。美国Basic American Foods公司主要用颗粒粉或雪花粉进行调配制马铃薯泥的技术已相当成熟。日本卡乐比株式会社等也主要利用颗粒全粉制作马铃薯泥。国内目前也是主要利用马铃薯颗粒粉或雪花粉来调制马铃薯泥，但这种加工过程中的干燥、复水等工序会导致风味、质构的劣变以及部分营养成分的破坏和流失，尚需改进和完善。

3. 其他马铃薯原料

马铃薯也可以鲜薯的形式经清洗、去皮和切分等工序制成马铃薯丁、马铃薯片等半成品，进而经粉碎、制浆等工序制成马铃薯浆用于马铃薯面条的加工。但是，鲜马铃薯浆特别容易氧化褐变，批量化加工生产需要在护色的基础上，最好在密闭的罐体和管道内收集和输送。

1.2　小麦粉原料

小麦是一种在世界各地广泛种植的禾本科粮食作物。目前小麦已成为世界上分布范围最广、种植面积最大、总产量最多、总贸易额最大的粮食作物之一，将其磨成小麦粉后可制作面条、馒头、面包和饼干等食物。小麦籽粒含有丰富的淀粉、蛋白质和少量的脂肪，还有多种矿物质、维生素，营养比较丰富、经济价值较高，世界上1/3以上人口以小麦为主要粮食作物。小麦在我国是仅次于稻谷的第二大粮食作物品种，生产总量和加工总量均居世界第一，占世界小麦总产量的20%左右，单产也超过世界平均水平。

小麦的籽粒由多个部分组成，结构十分复杂。对于加工制粉，小麦籽粒可以分成3个解剖区域，即皮层、胚芽和胚乳。籽粒的外层称为皮层，包括糊粉层，占小麦籽粒质量的13%～16%。小麦皮层含有大量的纤维素与矿物质及多种微量营养成分，富含蛋白质。小麦胚芽占整个籽粒质量的3%，富含蛋白质（30%）和脂肪（30%），还有多种其他微量营养成分。小麦中的B族维生素、维生素E、叶酸以及绝大多数的矿物质都存在于小麦皮层和胚芽中。小麦籽粒的胚乳部分（81%～84%）主要由淀粉和蛋白质组成，是籽粒最主要的部分。小麦粉一般是指小麦经加工除去皮层和胚芽后的精制粉体，因此小麦粉的主要来源是胚乳。小麦粉中的各种营养及化学成分，包括蛋白质、淀粉、脂类、矿物质、酶和色素等，与面条的品质有着不可分割的关系，特别是蛋白质和淀粉对面条的品质影响最大。

我国小麦粉的等级基本以《小麦粉》（GB 1355—1986）为标准，主要指标是能反映加工精度的灰分和粉色指标以及粗细度指标，对湿面筋含量没有过细的要求。以其加工精度分为特制一等、特制二等、标准粉和普通粉。

按照筋力强度和食品加工适应性分为高筋小麦粉、中筋小麦粉和低筋小麦粉。每一种筋力强度小麦粉又划分等级，如一等高筋小麦粉对应特制一等小麦粉标准，二等高筋小麦粉对应特制二等小麦粉标准。

根据我国不同小麦粉食品的市场需求，小麦粉又分为面包、面条、馒头、饺子、酥性饼干、发酵饼干、蛋糕、酥性糕点和自发粉等九种专用粉，每一种专用面粉中又以灰分含量、湿面筋含量、面筋筋力稳定时间及降落值指标不同各分为两个等级。

1.2.1　高筋粉

高筋粉，又称强筋粉，蛋白质含量为12%～15%，湿面筋含量>35%，颜色较深，粉体较光滑。目前最好的高筋面粉是加拿大产的春小麦面粉。高筋粉的筋力强，一般用来制作面包、饺子、泡芙、比萨、油条、酥饼和千层饼等需要依靠很强的弹性和延展性来包裹气泡油层形成疏松结构的点心。由于马铃薯面条中小麦面被稀释，高筋粉适合于马铃薯全粉复配制作面条。识别高筋粉的最简单的判定方法是，用手抓起一把面粉，然后用拳头攥紧捏成团，随后松开，用手轻轻掂起这个粉团，如果粉团很快散开，就是高筋粉，如果粉团在轻轻掂起的过程中还保持形状不散，则可能是低筋粉。从颜色上也可以加以判别，颜色偏白的是低筋粉，颜色偏米白色的是高筋粉。此外，根据面筋含量也能判断，取20～25g粉加65%的水，充分揉搓后，制成面团，将面团放入温水中约20min后，慢慢揉洗，洗去白色的淀粉，剩余十分具有弹性的面筋，面筋含量多的为高筋粉。

1.2.2　中筋粉

中筋粉，又称通用粉，是介于低筋粉和高筋粉之间的一类小麦粉，美国、澳大利亚产的冬小麦和我国的标准粉等普通面粉都属于中筋粉。中筋粉除由适宜的小麦品种制粉以外，还可以由高筋粉和低筋粉各一半混合制得。中筋粉的蛋白质含量为 9%～11%，湿面筋含量为 25%～35%，颜色为乳白色，体质半松散。中筋粉最适用于制作面条，此外还可以用于水饺、馒头、油炸类面食品和包子类面食品等的制作。

1.2.3　低筋粉

低筋粉，又称为弱筋粉，蛋白质含量为 7%～9%，湿面筋含量<25%。低筋粉适宜制作蛋糕、饼干、混酥类糕点等。

1.2.4　糯小麦粉

一般的小麦淀粉由 20%～30%的直链淀粉和 70%～80%的支链淀粉构成。如果小麦淀粉中不含直链淀粉或直链淀粉含量极低（<1%），则称为糯小麦或蜡质小麦。利用糯小麦磨粉制得的小麦粉称为糯小麦粉，其淀粉中含有 90%以上的支链淀粉。支链淀粉在糊化、凝胶、膨润和结晶等方面均有别于直链淀粉，因此糯小麦粉具有独特的淀粉理化性质，如持水能力和膨胀能力极强、冻融稳定性好、回生值小、凝沉阻力较大，可以把糯小麦粉添加到小麦粉中来改善小麦粉产品的品质，广泛地应用于食品加工和新产品的开发，并适用于冷藏及速冻食品的生产。

将糯小麦粉和普通小麦粉进行对比，可以发现，二者在支链淀粉的结构、支链淀粉的分支数及聚合度方面并没有明显差异，但糯小麦粉中支链淀粉不含可检测的特别长的支链，并且支链淀粉更致密。与普通小麦粉相比，糯小麦粉具有较低的糊化温度和回生值、高的峰值黏度和崩解值，这说明糯小麦粉在较低的温度下就可以糊化，而且糊化后老化速度慢，因此糯小麦粉可以添加在小麦粉中以提高熟面条、面包和馒头等制品的品质。虽然糯小麦粉的蛋白质和面筋含量高，但其稳定时间短、粉质指数小，且蛋白质质量较差，形成的面筋筋力和弹性不好，操作性能较差。

糯小麦粉的凝沉阻力大、冻融稳定性好，这些特性对冷冻淀粉制品的品质有重要作用。糯小麦粉直链淀粉含量很低，改变了淀粉的膨胀势和黏度特性，通过在普通小麦粉中添加糯小麦粉，降低直链淀粉的百分数，可提高速冻面条的食用品质，延长货架期。通过研究糯小麦粉在冷冻面团中的作用，发现添加糯小麦粉可以提高冷冻面团的黏度，减少在长期冻藏过程中冰晶对面团结构的破坏，较好地保持了面团的弹性和延展性。将添加糯小麦粉的面团与未添加糯小麦粉的面团相比，添加糯小麦粉的面团在冷冻储藏过程中弹性和延展性并没有发生很大的变化，说明糯小麦粉在冷冻和解冻时的稳定性好，保持了面团的流变特性。

1.2.5　硬质小麦粉

硬质小麦指角质率不低于 70%的小麦，其胚乳细胞内的淀粉颗粒之间被蛋白质填充，胚乳结构紧密，颜色较深，断面呈半透明状，也称为角质或者玻璃质。对于小麦的籽粒而言，当角质占中间横部截面的 1/2 以上时，将其称为角质粒，为硬质小麦。硬质小麦蛋白质含量较高、容量较大、出粉率较高、面筋含量较多、延伸性和弹性较好，适合做意大利面及馒头、面包等发酵食品。而软质小麦指粉质率不低于 70%的小麦，其淀粉颗粒之间及其与蛋白质之间有空隙，甚至细胞与细胞之间也有空隙，结构疏松，断面呈白色且不透明。

将硬质小麦与软质小麦进行比较发现，硬质小麦籽粒中淀粉粒普遍比软质小麦的淀粉粒要小，硬质小麦的蛋白质含量一般高于软质小麦，这是影响两者品质的主要原因。硬质小麦胚乳易与麸皮分离，磨粉时出粉率高、麸星少、色泽好且灰分少。而且由于胚乳中淀粉粒与基质蛋白质紧密结合，磨粉时耗能较多且破碎淀粉粒较多，破碎时大多沿着胚乳细胞壁的方向，形成颗粒较大、形状较整齐的粗粉，流动性好，便于筛理。而软质小麦的表皮细胞与内层胚乳细胞结合较紧，磨粉时麸皮较多，总出粉率低，粉路容易堵塞，其淀粉粒与基质蛋白质易于分离，破碎淀粉粒较少。硬质小麦粉的蛋白质含量较高，淀粉颗粒与蛋白质的结合能力较强，吸水率也较高。研究发现，由硬质小麦粉制备的面条品质普遍高于软质小麦粉制备的面条。

对不同硬度小麦进行研究发现，小麦籽粒硬度对磨粉品质、淀粉品质、蛋白品质和加工品质均有显著的影响。随着硬度指数的升高，出粉率也逐渐增加，蛋白质含量呈增加趋势，淀粉含量呈下降趋势，对面条及面包的加工品质逐渐得到改善。

小麦淀粉也有软硬之分。一般来说，硬质小麦的淀粉为硬质淀粉，而软质小麦的淀粉为软质淀粉。硬质淀粉吸水比较缓慢，糊化时间较长；软质淀粉吸水较快，糊化时间较短，糊化较充分，制备的面条制品不宜老化。

1.2.6　低 GI 小麦粉

GI 是指含 50g 碳水化合物的食物与相当量的葡萄糖在一定时间（一般为 2h）人体内血糖反应水平的百分比值，反映食物与葡萄糖相比升高血糖的速度和能力。通常将葡萄糖的血糖指数定为 100，将 GI 值低于 55 的食物称为低 GI 食物。低 GI 小麦品种是经过育种目标选育出的一种高直链淀粉含量的新品种，由低 GI 小麦品种制作的面粉称为低 GI 小麦粉。人体对低 GI 小麦粉的淀粉消化速度慢，从而达到控制餐后血糖快速升高的作用。通过对普通小麦淀粉与低 GI 小麦淀粉体外消化特性的比较发现，低 GI 小麦淀粉表现出明显的抗消化特性。低 GI 小麦粉与马铃薯复配可加工适合肥胖症及糖尿病患者食用的低 GI 面条。

1.3　杂粮粉原料

1.3.1　玉米粉

玉米也是分布最为广泛的粮食作物之一，种植面积仅次于小麦和水稻。我国年产玉米居世界第二位，播种面积大、分布广，尤以东北、华北和西南各地较多。

我国玉米依据玉米籽粒的形态、胚乳的结构及颖壳的有无可分为硬粒型、马齿型、半马齿型、粉质型、甜质型、甜粉型、蜡质型、爆裂型、有稃型等玉米品种；依据玉米粒色和粒质可分为黄玉米、白玉米、糯玉米和杂玉米等品种；依据品质可分为常规玉米、特用玉米、甜玉米、糯玉米、高油玉米、优质蛋白玉米和紫玉米等品种。

玉米制作面条也需要先制粉。玉米制粉的方式分为干磨粉和湿磨粉两种。由于玉米粉自身的颜色及营养特点，在制作面条的复配粉中添加玉米粉可以强化面条的营养，丰富面条的花色种类，满足人们对营养主食的需求，可作为加工马铃薯面条的原料之一。但由于玉米粉蛋白质组成及结构与小麦蛋白质不同，缺乏面筋蛋白，在加工过程中难以形成面筋网络结构，柔软性较差，需要在面条的加工上采取不同的技术加以改进。玉米粉的等级划分及营养成分分别如表 1-2 和表 1-3 所示。

表 1-2　玉米粉的等级划分（胡爱军和郑捷，2012）

等级	皮胚含量（干基）/%	粗细度	含砂量/%	含水量/%	磁性金属物含量/（g/kg）	脂肪酸值（以湿基计）/（mg KOH/100g）	口味、气味
精制玉米粉	≤2.0	全部通过CQ10 筛	≤0.02	14～18	≤0.003	≤80	正常
普通玉米粉	≤5.0	全部通过CQ10 筛	≤0.03		≤0.003	≤80	正常

表 1-3　玉米的营养成分（每 100g 含量）（胡爱军和郑捷，2012）

品种	水分含量/g	蛋白质含量/g	脂肪含量/g	碳水化合物含量/g	矿物质含量/g	胡萝卜素含量/mg	维生素含量/mg			
							B_1	B_2	B_3	C
黄玉米	12.0	8.5	4.3	72.2	1.7	0.10	0.34	0.10	2.3	0
白玉米	12.0	8.5	4.3	72.2	1.7	0	0.35	0.09	2.1	0
鲜玉米	51.0	3.8	2.3	40.2	1.1	0.34	0.21	0.06	1.6	10

1.3.2 莜麦粉

莜麦，别名油麦、玉麦，也称裸燕麦。生长期短，具有一定的抗旱、耐脊、耐寒的特点，主要分布在华北、西北和西南等高寒地区，其中以内蒙古为最多，占全国莜麦种植面积的40%左右。莜麦是世界公认的营养价值很高的粮食作物之一，磨成粉后就称为莜麦粉，可用于制作面条。

莜麦的营养价值在禾谷类作物中占首位（表1-4）。据分析，莜麦粉中蛋白质的含量为15.6%。其氨基酸的种类全而且含量高，含人体必需的8种氨基酸，组成较平衡，其含量是小麦和大米的2倍以上，还含有儿童发育过程中不可缺少的赖氨酸和组氨酸。亮氨酸的含量虽稍低于黄米、小米和高粱米，但明显高于大米、小麦和玉米。因此，莜麦粉是蛋白质和氨基酸的良好来源。莜麦粉的碳水化合物含量为64.8%，在谷物类中最低，是肥胖症和糖尿病患者的最佳选择；莜麦粉中脂肪的含量居谷物类的首位，含量约为5.50%。其脂肪酸主要为不饱和脂肪酸，其中的亚油酸可预防心脏病、降低胆固醇。莜麦粉中维生素E的含量也很高，具有美容功效。莜麦中的核黄素含量居谷类粮食之首，可参与细胞的生长代谢、机体组织代谢和修复。莜麦中矿质元素含量丰富，能满足人体的需求，其中钙的含量也高于其他谷类，锌的含量高于大米、小麦、玉米、高粱米和小米，硒的含量也高于玉米、大米、黄米及高粱米。莜麦粉的膳食纤维含量为4.6%，可溶性膳食纤维是富强面的9倍。除此之外，莜麦粉中还含有较多的多糖类胶质——莜麦胶，使莜麦食品柔软细滑，与牛奶或豆浆一起煮食，既有营养又能增加风味。莜麦粉还含有其他禾谷类作物中缺乏的皂苷，具有降低胆固醇的功效。

表1-4　莜麦的营养成分（每100g可食部分含量）（胡爱军和郑捷，2012）

成分	含量	成分	含量
蛋白质	15.00g	Ca	27.00mg
脂肪	5.50g	P	35.00mg
糖类	64.80g	K	319.00mg
膳食纤维	4.60g	Na	2.00mg
灰分	1.80g	Mg	146.00mg
维生素A	3.00mg	Fe	13.60mg
胡萝卜素	20.00mg	Zn	2.21mg
硫胺素	0.39mg	Se	0.50mg
核黄素	0.04mg	Cu	0.89mg
烟酸	3.9mg	Mn	3.86mg
维生素E	7.96mg		

1.3.3 荞麦粉

荞麦是蓼科荞麦属作物，又名三角麦、乌麦，是粮食作物中比较理想的填闲补种作物，主要分布在内蒙古、陕西、甘肃、宁夏、山西、四川、重庆、云南和贵州等地。我国是荞麦主要生产国之一，居世界第二位。我国利用荞麦粉制作面条具有悠久历史，丰富了面条品种。荞麦粉的营养价值很高，含有其他粮食作物所缺乏的微量元素，且具有对中老年心脑血管疾病有预防和治疗功能的植物化学成分。荞麦粉中含有丰富的蛋白质，含量一般为 7.94%～17.15%，高于大米、小麦、玉米和高粱粉。荞麦粉的蛋白质中既含有水溶性清蛋白又含有盐溶性球蛋白，与豆类蛋白质相似。荞面粉中含有 18 种氨基酸，其中具有人体所必需的 8 种氨基酸，其氨基酸组成优于小麦粉，特别是赖氨酸的含量明显高于一般粮食作物。荞麦粉中的淀粉含量一般为 60%～70%。荞麦粉中脂肪含量为 2%～3.64%，其中不饱和脂肪酸的含量较丰富，以油酸和亚油酸最多，约占总脂肪酸的 75%，它们是合成对调节人体生理机能起重要作用的前列腺素和脑神经成分的重要物质。荞麦粉中的矿物质含量十分丰富，K、Mg、Cr、Cu、Zn、Mn、Ca、Fe 等含量都高于禾谷类作物。其中，Mg 含量是小麦和大米的 3～4 倍。荞麦粉中维生素的含量较高，含维生素 B_1 0.18mg/g，维生素 B_2 0.50mg/g，维生素 B_6 0.02mg/g，维生素 E 1.347mg/g，且含有其他谷类作物缺乏的维生素 P 和叶绿素等。

1.3.4 小米粉

小米，原粮俗称谷子，古称为粟，起源于我国北方黄河流域，在我国有着悠久的种植历史，现主要分布在我国的东北、华北和西北各地区，其中以山东、山西、河南、河北、陕西、辽宁、吉林、黑龙江和内蒙古等省份为最多，占全国总产量的 80%以上。谷子具有生长期短、适应能力强、耐干旱能力强、耐贫瘠和耐储存等优点，成为我国北方地区主要的杂粮作物之一。小米的种类很多，有白、红、黄、黑、紫、橙各种颜色，也有支链淀粉含量高的糯性小米。小米各种营养素的比例适宜，曾为粮食短缺问题及非现金形式的薪酬支付起过非常重要的作用。近年来，随着人们对健康食品需求的不断增加，人们需要调整饮食结构，小米因其丰富的营养价值而受到广大消费者的青睐，成为调剂精米精面食品的主要粮食品种之一。

小米磨粉后的小米粉可作为制作面条的原料。小米粉营养丰富，含有蛋白质、脂肪、碳水化合物、多种维生素及各种矿物质（表 1-5）。小米粉中蛋白质的含量为 7.5%～17.5%，高于小麦和大米。蛋白质中含有谷氨酸、亮氨酸、丙氨酸、脯氨酸和天冬氨酸等 17 种氨基酸，其中人体 8 种必需氨基酸占整个氨基酸总量的

41.9%。小米粉的淀粉含量低于大米、小麦粉和玉米，是糖尿病患者的理想食物。小米粉中脂肪含量为 2.8%～4.5%，且都是优质的不饱和脂肪酸，其中油酸 42%、棕榈酸 21%、亚油酸 25%、α-亚麻酸 4%，亚油酸与 α-亚麻酸的比例为 6.25∶1。亚油酸和 α-亚麻酸在人体中不能合成，具有软化血管、防止动脉粥样硬化的功能。小米粉中 B 族维生素含量较丰富，其中维生素 B_1 的含量为 0.76μg/100g，居所有粮食之首，是保证正常神经功能和碳水化合物新陈代谢不可缺少的物质；维生素 B_2 为 0.12mg/100g，可防治口腔溃疡和脚气病。小米粉中含有一般粮食中不含有的胡萝卜素，其含量达 0.12mg/100g；维生素 E 含量也相对较高，约为 3.63μg/100g。小米粉中的一些微量元素，如 Se、Ca、Cu、Fe、Zn、I、Mg 等含量较高，这些微量元素对于调节人体生理机能和生命代谢是必不可少的。小米粉中的 Se，是一种多功能营养元素，不仅对细胞膜有一定的保护作用，还能对维生素 A、维生素 C、维生素 E、维生素 K 的吸收与消耗起到调节作用，在机体代谢方面起重要作用。小米粉中的膳食纤维是大米粉的 5 倍，纤维素虽不能被人体消化吸收，但却是人体内不可缺少的碳水化合物，能够刺激胃肠道的蠕动，促进消化腺分泌，减少肠黏膜与粪便的接触时间，降低了肠道中某些致癌物质的产生，降低肠癌发病率。膳食纤维与饱和脂肪酸结合后，可以防止血浆胆固醇的形成，减少胆固醇在血管内壁沉积的量，有利于预防心血管疾病的发生。高膳食纤维可使糖尿病患者血糖的含量下降，原因是粗纤维在分散过程中能吸收部分葡萄糖。

表 1-5　小米的营养成分（每 100g 可食部分含量）（胡爱军和郑捷，2012）

成分	含量	成分	含量
碳水化合物	76.10g	Ca	41.00mg
蛋白质	9.70g	P	229.00mg
脂肪	3.50g	K	284.00mg
β-维生素 E	3.63mg	Mg	107.00mg
维生素 A	17.00μg	I	3.70mg
胡萝卜素	0.12mg	Na	4.30mg
维生素 B_1	0.76μg	Fe	5.10mg
维生素 B_2	0.12mg	Zn	1.87mg
维生素 B_3	1.50mg	Cu	0.54mg
膳食纤维	1.60g	Se	4.74μg
灰分	1.20g	Mn	0.89mg

1.3.5　杂豆粉

杂豆是指除大豆（俗称黄豆）之外的其他豆类，包括红豆、绿豆、蚕豆、豌豆、豇豆、芸豆和扁豆等，均具有较高营养价值。它们的脂肪含量低而淀粉含量高，被称为淀粉质豆类。通常，杂豆的淀粉含量达 55%～60%，而脂肪含量只有约 2%，所以常被并入粮食类中。它们的蛋白质含量一般都在 20%以上，蛋白质的质量较好，富含赖氨酸，因此可以很好地与谷类粮食配合食用，发挥营养互补作用。杂豆的 B 族维生素和矿物质含量也比较高，与大豆相当。我国北方历来就有将杂豆粉与小麦粉混合制作面条的习惯。以下主要介绍豌豆粉、红小豆粉和绿豆粉。

1. 豌豆粉

豌豆，别名麦豌豆、寒豆、荷兰豆，原产自地中海和中亚细亚地区，是世界重要的栽培作物之一。豌豆籽粒由种皮、子叶和胚构成。其中，种皮含有籽粒中大部分不能被消化利用的膳食纤维，钙和磷的含量也较丰富。子叶中所含的蛋白质、脂肪、碳水化合物分别占籽粒中相应营养成分总量的 96%、77%、89%。胚中虽然也含有蛋白质和矿物质，但在籽粒中所占的比重极小。豌豆中的蛋白质生物价 BV 为 48%～64%，蛋白质功效比值（protein efficiency ratio，PER）为 0.6～1.2，远远高于大豆。采用特殊工艺将干制豌豆的种皮、子叶和胚三部分分离，然后分别磨成种皮纤维粉、子叶粉和胚粉。种皮纤维粉可增加面条中的膳食纤维，促进人体消化功能。子叶粉和胚粉可增加面条的蛋白含量和风味，也是面条的赖氨酸营养强化剂。

2. 红小豆粉

红豆又名赤豆、小豆、红小豆，为豆科豇豆属赤豆的椭圆或长椭圆形种子，色泽为淡红、鲜红或深红。红小豆具有丰富的蛋白质、淀粉、膳食纤维、维生素以及铁、钙、磷、钾等矿质元素和较低含量的脂肪（表 1-6）。

表 1-6　红小豆的营养成分（每 100g 可食部分含量）（胡爱军和郑捷，2012）

成分	含量	成分	含量
碳水化合物	63.40g	Cu	0.64mg
蛋白质	20.20g	Mn	1.33mg
脂肪	0.60g	（β,γ）-维生素 E	6.01mg
Ca	74.00mg	δ-维生素 E	8.35mg

续表

成分	含量	成分	含量
P	305.00mg	维生素 A	13.00mg
K	860.00mg	胡萝卜素	80.00mg
Na	2.20mg	维生素 B_1	0.16μg
Mg	138.00mg	维生素 B_2	0.11mg
Fe	7.40mg	维生素 B_3	2.00mg
I	7.80mg	维生素 E	14.36mg
Zn	2.20mg	膳食纤维	7.70g
Se	3.80μg	灰分	3.20g

红小豆中的膳食纤维能保持消化系统健康、增强免疫系统、降低胆固醇和血压、降低胰岛素和三酸甘油酯、通便清肠以及健脾利水等。此外，它还含有黄酮、皂苷、植物甾醇和天然色素等生物活性物质。皂苷为豆类作物所特有的生物活性物质，红小豆中皂苷主要为三萜皂苷，其有许多重要的生理功能，包括保护肝脏以及防治血栓、高血压、高血脂和动脉硬化等疾病，尤其是对心脑血管疾病有良好的治疗作用。红小豆中黄酮物质主要为槲皮素、芦丁和杨梅酮芸香糖苷，黄酮具有抗氧化、抑制血栓形成、清除自由基、降血压血脂、抑菌抗病毒、消炎保肝等作用。红小豆宜与谷类食品混合食用，以形成营养互补，制成精粉可与小麦粉及马铃薯制作营养面条。

3. 绿豆粉

绿豆又名吉豆、植豆、青小豆，我国为原产地，已有 2000 多年的栽培历史，全国大部分地区均有，以山东、河南、山西、河北、安徽、四川、辽宁和吉林等地区产量丰富、品种优良，是我国传统的农作物之一。

绿豆粉中的蛋白质和淀粉主要存在于子叶中，其他成分大多分布在绿豆种皮中。其中，蛋白质大多是球蛋白类，氨基酸构成比例均衡，其中赖氨酸含量丰富，高于一般的禾谷类粮食。绿豆粉的淀粉中含有较多的戊聚糖、半乳聚糖、糊精和半纤维素。绿豆粉中的脂肪多属于不饱和脂肪酸，磷脂成分中有磷脂酰胆碱、磷脂酰乙醇胺、磷脂酰肌醇、磷脂酰甘油、磷脂酰丝氨酸和磷脂酸等，这些成分有兴奋神经、增进食欲的功能。绿豆中维生素 B_1 和维生素 B_2 的含量是禾谷类作物的 2～4 倍。绿豆皮中含有 21 种矿质元素，其中 P 含量最高。绿豆中 P 含量是禾谷类作物的 2 倍，Ca 含量是禾谷类作物的 4 倍（表 1-7）。绿豆粉中除了含有上述营养素之外，还含有许多生物活性物质，包括香豆素、生物碱、植物甾醇、皂苷和黄酮类化合物等，其中的植物甾醇结构与胆固醇相似，使之不能酯化而减少肠道对胆固醇的吸收，并可通过胆固醇异化或在肝脏内阻止胆固醇的生物合成等途径使血清中胆固醇含量降低，从而可防治冠心病、心绞痛。绿豆中还含有丰富的胰蛋白酶抑制剂，能保护肝脏、肾脏。

表 1-7　绿豆的营养成分（每 100g 可食部分含量）（胡爱军和郑捷，2012）

成分	含量	成分	含量
蛋白质	24.15g	维生素 B_2	270μg
淀粉	53.46g	维生素 D_1	397μg
脂肪	0.94g	胡萝卜素	1500μg
维生素 B_1	206μg		

1.3.6　其他杂粮粉

1. 高粱粉

高粱又称乌禾、蜀黍，属于人类栽培较早的重要谷类作物之一，在我国的东北各地广泛栽培，主要品种有红高粱、白高粱、黑高粱和糯高粱等。高粱的主要营养成分是碳水化合物，其含量与玉米中的大致相当。高粱中抗性淀粉的含量比玉米中的还要高。现代医学实验证明，抗性淀粉可以降低人体血液中总胆固醇（TC）的水平，还可以减少三酰甘油（TG）的含量，同时能降低葡萄糖浓度水平、减少胰岛素的分泌，并且可以有效地预防结肠癌。与其他谷物一样，高粱中也含有丰富的蛋白质，含量在 10%左右，且高粱蛋白中氨基酸种类较齐全，与其他食物组合可以充分发挥食物的互补作用。因其赖氨酸和色氨酸含量相对较少，再加上单宁对蛋白质稍有破坏作用，从而导致蛋白质消化率低，但是可以通过简单的加工处理（如发芽或挤压加工）来提高蛋白质的消化率，从而改善其品质。与其他谷物相比，高粱中含有丰富的矿质元素，主要是钾和磷，铁含量为玉米、小麦等的 2～3 倍。同时，高粱也是很好的 B 族维生素（维生素 B_1、维生素 B_2、维生素 B_6）等的来源（表 1-8）。

表 1-8　高粱米的营养成分（每 100g 可食部分含量）（胡爱军和郑捷，2012）

成分	含量	成分	含量
碳水化合物	74.70g	Cu	0.53mg
蛋白质	10.40g	Se	2.83μg

续表

成分	含量	成分	含量
脂肪	3.10g	维生素 B_1	0.29μg
Ca	22.00mg	维生素 B_2	0.10mg
P	329.00mg	维生素 B_6	1.60mg
K	281.00mg	维生素 E	1.88mg
Mg	129.00mg	α-维生素 E	1.80mg
Fe	6.30mg	（β,γ）-维生素 E	0.08mg
Mn	1.22mg	膳食纤维	4.30g
Zn	1.64mg		

高粱中多酚类物质含量最高，且种类齐全，几乎囊括了大多数的植物多酚类物质，具有抗氧化、抗诱变、抗癌和抑菌等功效。

2. 薏苡仁粉

薏苡仁，别名米仁，又称薏米、苡仁等，是一年生或多年生禾本科植物薏苡的成熟种子。它主产于福建、河北、辽宁和江苏等省，多为人工栽培，属药食同源的食物。

如表 1-9 所示，薏苡仁营养价值很高，蛋白质含量在 12%以上且含有人体所必需的 8 种氨基酸；淀粉含量为 60%～70%；脂类物质主要为薏苡仁酯、甾体化合物、豆甾醇、谷甾醇和硬脂酸等，其中不饱和脂肪酸含量较高；含多种维生素，主要为维生素 B_1、维生素 B_2、维生素 B_6、维生素 E；还含有磷、铁、钙、锌和钾等矿物质。薏苡仁中含有多种活性多糖，主要为鼠李糖、甘露糖、阿拉伯糖、半乳糖和葡聚糖等，具有降血糖、抗癌和抗肿瘤作用。因此对于久病体虚及病后恢复期的患者来说，薏苡仁是很好的营养滋补品。

表 1-9　薏苡仁的营养成分（每 100g 可食部分含量）（胡爱军和郑捷，2012）

成分	含量	成分	含量
碳水化合物	71.1g	Zn	1.68mg
蛋白质	12.8g	Cu	0.29mg
脂肪	3.3g	Se	3.07μg
Ca	42mg	维生素 B_1	0.22μg
P	217mg	维生素 B_2	0.15mg
K	238mg	维生素 B_6	2mg

续表

成分	含量	成分	含量
Na	3.6mg	维生素 E	2.08mg
Mg	88mg	膳食纤维	2g
Fe	3.6mg	灰分	1.6g
Mn	1.37mg		

1.4 辅　　料

1.4.1 谷朊蛋白粉

谷朊蛋白粉（又称小麦面筋粉、小麦面筋蛋白）是将小麦面粉中的蛋白质分离、提取并烘干而制成的一种粉末状产品，其蛋白质含量达 75%以上。蛋白质的基本组成包括麦醇溶蛋白（单体存在）和麦谷蛋白（聚集体存在），此外还含有少量淀粉、纤维素、糖、脂肪、类脂和矿物质等。

谷朊蛋白具有优越的黏弹性和延伸性，因此可作为一种优良的面团改良剂，改善面类制品的抗压、抗弯曲和抗拉伸等加工性能。谷朊蛋白粉用作面条品质改良剂时，可增加面条韧性，加工时不易断条，耐煮泡；食用时口感爽滑、筋道且不黏牙。

1.4.2 鸡蛋和鸡蛋粉

鸡蛋一般由 10%～12%的蛋壳、55%～65%的蛋清和 25%～33%的蛋黄组成。研究发现，鸡蛋中的蛋黄营养物质丰富，含有大量的蛋白质、脂质、微量元素、维生素和色素等。蛋黄中的蛋白质具有较好的凝胶特性和表面活性作用，将其添加到面条中，不仅增加面条中的营养成分，而且可以改善面条品质。蛋黄对面条品质改良的研究结果表明：随着其添加量的增加，面条感官品质先升高后降低，当添加量为 2%时，面条感官评价得分最高。如果继续增加鸡蛋蛋黄添加量，面条适口性、韧性和光滑性等方面都有所提高，但面条颜色和食味变差。当蛋黄添加量超过 6%，随着添加量的增加，面条的蛋腥味不断增强，颜色不断加深，整体感官评价得分大幅度下降。

通过向小麦粉中添加不同比例的蛋清粉，测定其糊化、粉质特性及小麦粉挂面的蒸煮、质构特性，并进行感官评价研究蛋清粉对小麦粉及挂面品质的影响。结果表明：随着蛋清粉添加量的增加，小麦粉的峰值黏度、谷值黏度、最终黏度和崩解值逐渐增大，峰值时间呈现下降趋势而糊化温度无明显变化。面团吸水率随蛋清粉添加量的增加而明显减小，面团形成时间不随添加量的增加而显著变化，但明显低于对照组，当蛋清粉添加量为 3%时，面团稳定时间最长，弱化度最低。挂面的吸水指数、最佳蒸煮时间随蛋清粉添加量的增加而显著增大，但蒸煮损失率在添加量为 3%时最小。挂面的折断力、拉断力和硬度随蛋清粉添加量的增加而增大。综合挂面蒸煮、质构特性与感官评价结果得出，当蛋清粉添加量接近 3%时挂面综合品质最好。

1.4.3　马铃薯淀粉

马铃薯淀粉是重要的植物淀粉，颜色洁白，口味温和，颗粒与其他植物淀粉相比较大，X 射线衍射图呈现出 B 型晶状结构。马铃薯淀粉中直链淀粉的含量约占淀粉总量的 25%，蛋白质含量为 0.05%～0.2%，脂肪含量低于 0.2%。马铃薯淀粉中含有天然磷酸根，具有糊化温度低、膨胀容易和吸水力强的特点。

马铃薯淀粉以其优良的特性和独特的使用价值在食品工业领域得到广泛的应用，在食品工业中主要作为增稠剂和黏结剂。马铃薯淀粉添加到面条制品中，可改善面条团色泽，提高成品弹性、抗老化性、复水性和流变性能。王成军和李勇（2005）以马铃薯淀粉为生产原料制造成的朝鲜冷面不浑汤且复水性强。在当今发达的加工工业中，由于化学、物理或生物加工必然会引起一系列淀粉功能性质发生变化，马铃薯淀粉的应用领域将得到进一步扩展。因此，为满足马铃薯原淀粉在面条加工中的应用和加工性能及产品性能的要求，应对其进行适当的理化变性修饰。

1.4.4　变性淀粉

天然淀粉在食品工业中有着广泛的用途，但是随着经济的发展，天然的淀粉由于其性质上的不足，已经不能满足某些特殊加工工艺的要求。而变性淀粉是在淀粉固有特性的基础上，采用化学、物理或酶转化等方法，使淀粉氧化、醚化、酯化和糊化等，改变了天然淀粉的理化性质，提高了淀粉的冷冻稳定性及其对高温、酸碱和剪切力的抗性，改善了淀粉的凝胶性、成膜性等，从而更加广泛地应用于食品工业生产。

变性淀粉的品种繁多，分类方法各异。根据其原淀粉来源的不同可分为玉米变性淀粉、马铃薯变性淀粉、木薯变性淀粉、大米变性淀粉和小麦变性淀粉等；按处理方式的不同可分为以下几类：①物理变性淀粉，如预糊化淀粉；②化学变性淀粉，如酸变性淀粉、氧化淀粉、酯化淀粉、醚化淀粉和交联淀粉等；③酶法变性淀粉，如直链淀粉、糊精等；④复合变性淀粉，即采用两种以上处理方法得到变性淀粉，如氧化交联淀粉、交联酯化淀粉等。

复合变性淀粉与小麦粉及马铃薯粉复配后对鲜面条和冷冻面条改良效果均十分明显，尤其是在马铃薯交联羟丙基淀粉用量为1.0%，马铃薯交联磷酸酯淀粉用量为1.5%，谷朊粉用量为0.5%的情况下改良效果最佳。

研究表明，预糊化淀粉对冷冻面条的稳定性好，可用于稳定冷冻面条的内部结构；预糊化过程中，水分子破坏了淀粉颗粒的晶体结构，使之润胀溶于水中，因此易被淀粉酶作用，利于人体消化吸收；并且在食用时可缩短蒸煮时间，还可起到增稠、改善口味等功效，因此，将预糊化淀粉用于冷冻面条的生产具有实践意义。经过化学变性的羟丙基淀粉是应用最为广泛的淀粉之一。由于引进了羟丙基基团，改善了淀粉的一些性质，如较易糊化、较好的流动性、较弱的凝沉性、较高的稳定性，并在低温储存条件下具有较好的持水性和冻融稳定性。研究证明，羟丙基淀粉的亲水性比小麦淀粉高，较易吸水膨胀，能与面筋蛋白、小麦淀粉相互结合形成均匀致密的网络结构。因此，在小麦粉中加入适量的羟丙基玉米淀粉，可使储藏后的湿面条具有较柔软的口感，面条的品质也可得到改善，但过多加入会对面团产生不良影响。

此外，羟丙基淀粉也是制备其他变性淀粉的基础原料，因此研究它有很大的经济价值。由于预糊化淀粉、羟丙基淀粉均具有良好的冻融稳定性，都比较适合在冷冻食品中使用，对改善冷冻面条的内部结构具有良好的作用，对提高我国冷冻面条的品质、繁荣冷冻面条市场和提高经济效益具有十分重要的意义。

1.4.5　食用胶

食用胶属于食品增稠剂，通常是指能溶解于或分散于水中，并在一定条件下可充分水化形成黏稠、滑腻或胶冻液的大分子物质，能增加流体或半流体食品的黏度，并能保持所在体系相对稳定的亲水性食品添加剂。植物是传统的增稠剂主要来源之一，植物胶包括由植物渗出液制取的和由植物种子、海藻制取的。主要分为由不同植物表皮损伤的渗出液制得的增稠剂，如阿拉伯胶和刺梧桐胶；由陆地、海洋植物及其种子制取的增稠剂，如瓜尔胶、卡拉胶和海藻酸盐等。研究表明，植物胶可以提高面条制品的韧性和滑爽性，降低面条的蒸煮损失，增加咬劲，改善表面状态，大大提高面条的综合品质。

1. 瓜尔胶

瓜尔胶是已知最高效的水溶性增稠剂之一，是一种来源于瓜尔豆胚乳的由半乳糖残基和甘露糖残基结构单元组成的多糖类化合物，是一种冷水溶胀的高聚物。瓜尔胶在食品加工中最大允许添加量不超过2%，却足以改善食品的加工特性和感官特性。其用于面条制品的加工，使面团柔软，制成的面条不易断裂，还可保证面条的爽滑，增加面条韧性和弹性，防止面条在干燥过程中黏结。瓜尔胶在面类制品中的添加量为 0.1%～0.3%。

2. 刺槐豆胶

刺槐豆胶由刺槐豆种子加工而成，是一种以半乳糖残基和甘露糖残基为结构单元的多糖类化合物。在食品工业中，刺槐豆胶常与其他食用胶（如黄原胶、卡拉胶、海藻酸盐和羧甲基纤维素钠）复配作为增稠剂使用，用量为 0.1%～0.2%。刺槐豆胶用于面条制品，可以控制面团的吸水效果，改进面条特性及品质，延长老化时间。

3. 阿拉伯胶

阿拉伯胶是由金合欢树树皮伤痕渗出的无定形树胶，是一种由约 98%的多糖和 2%的蛋白质组成的复合物。阿拉伯胶作为稳定剂广泛应用于面类制品工业中，可赋予面条表面光滑性。

4. 黄原胶

黄原胶是由野油菜黄单胞菌（*Xanthomonas campestris*）发酵淀粉产生的一种食用胶，主要由葡萄糖、甘露糖和葡萄糖醛酸组成。陈海峰等（2008）研究了黄原胶对面粉面筋形成、面团流变学、淀粉膨胀势、面粉糊化特性，以及面条蒸煮特性、质构特性、感官评价的影响，结果发现黄原胶对面条品质的影响是通过加大面筋网络与淀粉颗粒的结合，提高面条结构的致密程度，从而影响面条的品质。黄原胶的添加减少了面条的吸水率、干物质损失和蛋白质损失，改善了面条的质构特性。朱姝宾等（2010）研究了黄原胶与结冷胶复配在面条制品中的应用，得到的最佳配方是：黄原胶 0.3%，结冷胶 0.01%，纯净水 38.0%，食盐 3.0%，制得的面条感官评分为 96 分。

5. 其他食用胶

魔芋含有的葡苷聚糖具有很强的吸水性，少量食用后具有饱腹感，因而具有减肥功能。石晓等（2012）研究魔芋粉对面条感官品质的影响，结果表明魔芋粉对面条的色泽、适口性和光滑性具有明显改良效果，而对面条的黏性和食味几乎没有影响。

海藻酸钠是从海带等褐藻植物中提取的天然高分子多糖。在挂面、燕麦面条、冷冻面条制作中添加海藻酸钠可改善面条组织的黏结性，使其拉力强、弯曲度大，减少了断头率，特别是对面筋含量较低的小麦粉，提高面团延展性，改善面条口感和风味。

结冷胶是从水百合中分离得到的一种革兰阴性菌——伊乐藻假单胞杆菌所产生的胞外多糖。刘心洁等（2013）研究了结冷胶与可得然胶复配在无麸质面条制品中的作用。实验得出面条的优质最佳配方为：结冷胶 0.28g/100g，可得然胶 0.13g/l00g，食盐 2.3g/l00g，水 52g/100g，使用该配方可生产较为理想的面条，且面条的蒸煮性能大大提高，口感较好，感官评价分数为 95 分。

1.4.6 磷酸盐类

复合磷酸盐能够在面筋蛋白和淀粉之间进行酯化反应及架桥结合，形成更稳定的复合结构，减少淀粉溶出，增强面筋筋力，使面条筋道爽口，耐煮、不糊汤。鲍丽敏（2002）发现磷酸盐在面条加工中的主要作用是螯合金属离子、稳定 pH、促进面筋网络结构形成及持水作用。在制面过程中，一方面，它螯合水中的金属离子，降低水的硬度，显著提高和面效果；另一方面，它强化面筋蛋白与淀粉间的相互作用，增强面团的弹性和韧性，同时降低面条烹煮时的淀粉溶出，使面条品质得以改善。除此之外，复合磷酸盐与其他物质的协同作用可以降低鲜面条的水分活度，延长产品保质期。吴雪辉和李琳（1998）发现将偏磷酸钠、三聚磷酸钠、焦磷酸钠和磷酸二氢钠 4 种磷酸盐复配后，能够延长面团的稳定时间，增强面条的黏弹性和韧性，使面条久煮不浑汤。主要原因是磷酸盐较强的保水性使面筋蛋白充分吸水溶胀，强化了面筋网络结构。同时，磷酸盐与可溶性金属盐能生成复合盐，在葡萄糖基团间起“架桥”作用，促进淀粉分子交联，保持黏弹性。怀丽华等（2003）也发现复合磷酸盐能够明显提高面条的食用品质，并优化得到了磷酸盐最佳复配方案。程晓梅和程兰萍（2008）发现复合磷酸盐能显著改变面条的色泽和表面状态，使面条更白、更光滑。鲍宇茹（2009）进一步发现三聚磷酸盐和焦磷酸盐能够提高面条的白度，六偏磷酸盐能延缓面条的褐变程度。原因可能是磷酸盐稳定了面团 pH，同时螯合金属阳离子抑制氧化，从而防止变色、保持色泽。另外，磷酸盐螯合金属离子的特性能防止金属离子沉淀而造成产品外观粗糙，同时磷酸盐还能与天然有机质果胶、蛋白质等形成胶体，从而使面条表面光滑、细腻、白嫩。王立等（2017）发现磷酸盐可以改善面粉的糊化特性，进而又将磷酸钠、磷酸氢二钠和磷酸氢二钾复配，发现能显著增加面条的黏度，并改善面条的色泽。王猛等（2013）研究也发现，磷酸盐能够提高面粉的糊化温度、峰值黏度并保持黏度，减少衰减值和回生值，同时提高鲜面条的拉伸应力和煮后面条的剪切应力。鉴于此，磷酸盐可以用来增加淀粉糊化程度，提高淀粉吸水能力，进而起到改善面条品质的作用。

参考文献

鲍丽敏. 2002. 复合面条改良剂的研究. 粮食与饲料工业, 5: 8-9.
鲍宇茹. 2009. 磷酸盐在面条中的应用研究. 河南工业大学学报(自然科学版), 30(5): 69-72.
蔡旭冉. 2012. 马铃薯淀粉与亲水性胶体复配体系性质及相互作用的研究. 无锡: 江南大学.
陈海峰, 杨其林, 姚科, 等. 2008. 黄原胶对面条品质的影响探讨. 粮食加工, 33(1): 70-74.
陈克复, 卢晓江, 金醇哲, 等. 1989. 食品流变学及其测量. 北京: 中国轻工业出版社.
陈新民. 2000. 糯小麦研究进展. 麦类作物学报, 20(3): 82-85.
程晓梅, 程兰萍. 2008. 面条品质改良剂的应用研究. 河南工业大学学报(自然科学版), 29(6): 75-78.
杜巍, 魏益民, 张国权. 2001. 小麦品质对面条品质影响因素的研究. 食品科技, 2: 54-56.
范崇旺, 郝确. 1998. 小麦营养品质与食品工业的关系. 郑州粮食学院学报, 24(6): 83-86.
郭心义. 2003. 马铃薯全粉生产现状及前景展望. 粮油加工与食品机械, 10: 8-12.
何贤用. 2004. 马铃薯颗粒全粉生产线. 粮油加工, 6: 17.
何贤用, 杨松. 2005. 马铃薯全粉产品的品质与生产控制. 食品工业科技, 26(3): 120-122.
胡爱军, 郑捷. 2012. 食品原料手册. 北京: 化学工业出版社.
胡新中, 魏益民, 张国权, 等. 2004. 小麦籽粒蛋白质组分及其与面条品质的关系. 中国农业科学, 37(5): 739-743.
怀丽华, 王显伦, 余伦理, 等. 2003. 磷酸盐对面条品质影响研究. 郑州工程学院学报, 4: 49-51.
孔凤真. 1990. 马铃薯产品开发大有可为. 粮油食品科技, 2: 8.
李里特. 2003. 开发传统食品，弘扬中国文化. 食品工业科技, 1: 4-6.
李妙莲. 2004. 含淀粉质食品的冻融稳定性. 食品工业科技, 25(7): 141-142.
李庆龙. 2001. 用国产优质麦生产优质的中国主食专用粉. 中国食品添加剂, 3: 35.
李延斌. 2001. 马铃薯开发世界食品业关注的焦点. 中国食品报, 9 (5): 第 B02 版.
刘宝家. 1995. 食品加工技术工艺配方大全. 北京: 北京科学技术文献出版社.
刘建军, 赵振东, 徐亚洲, 等. 1999. 淀粉质量与面条煮面品质的关系. 山东农业科学, 6: 648-651.
刘心洁, 于明玉, 李雪梅, 等. 2013. 结冷胶与可得然胶复配在无麸质面条加工中的应用研究. 食品工程, 3: 33-35, 64.
马莺, 顾瑞霞. 2003. 马铃薯深加工技术. 北京: 中国轻工业出版社.
彭亚锋. 2000. 浅谈薯类食品的开发与前景. 农牧产品的开发, (8): 21-22.
石晓, 豆康宁, 魏永义, 等. 2012. 魔芋粉对面条感官品质的影响. 食品研究与开发, 33(1): 77-79.
田甲春, 胡新元, 田世龙, 等. 2017. 19 个品种马铃薯营养成分分析. 营养学报, 39(1): 102-104.
田三德, 张宏. 2005. 复合马铃薯食品加工的配方与加工工艺研究. 食品科技, 5: 22-24.
佟屏亚. 1990. 中国马铃薯栽培史. 中国科技史料, 11: 10-19.
王成军, 李勇. 2005. 方便朝鲜冷面加工技术. 食品工业, 5: 16-17.
王立, 陈敏, 赵俊丰, 等. 2017. 复合磷酸盐在面制品中的应用现状及发展趋势. 食品与机械, 1: 193-198.
王猛, 许春华, 苏从毅, 等. 2013. 磷酸盐对小麦粉糊化与面条质构的影响. 粮食与饲料工业, 9:

6-10.

王瑞, 李硕碧. 1995. 面包、面条、馒头质量与小麦面粉主要品质参数的相关分析. 国外农学: 麦类作物, 3: 35-37.

王竹, 杨月欣, 王国栋, 等. 2003. 淀粉的消化特性与血糖生成指数. 卫生研究, 32(6): 622-624.

吴雪辉, 李琳. 1998. 复合磷酸盐对面条改良作用的研究. 粮食与饲料工业, 12: 43-44.

徐坤. 2002. 马铃薯食品的资源与开发利用. 西昌农业高等专科学院学报, 6: 47-51.

徐坤, 肖诗明. 2002. 马铃薯全粉生产工艺探讨. 杂粮作物, 22(3): 175-177.

杨妍. 2007. 马铃薯泥品质影响研究. 无锡: 江南大学.

姚大年, 李保云, 朱金宝, 等. 1999. 小麦品种主要淀粉性状及面条品质预测指标的研究. 中国农业科学, 32(6): 84-86.

于天峰. 2005. 日本马铃薯产业的总体状况. 作物杂志, 3: 35-37.

张岩, 仇宏伟, 栾明川, 等. 2002. 单甘脂对马铃薯全粉品质的影响. 莱阳农学院学报, (1): 75-77.

张智勇, 王春, 孙辉, 等. 小麦粉理化特性与面条评分相关性的研究. 中国粮油学报, 2012, 27(9): 10-15.

章绍兵, 陆启玉, 吕燕红. 2003. 面条品质与小麦粉成分关系的研究进展. 食品科技, 6: 66-69.

赵新, 王步军. 2009. 不同硬度小麦品质差异的分析. 麦类作物学报, 29(2): 246-251.

朱姝宾, 李龙伟, 王念祥, 等. 2010. 黄原胶与结冷胶复配在面条加工中的应用研究. 湖南农业科学, 19: 92-94.

Aanre C M, Legay S, Iammarino C, et al. 2014. The potato in the human diet: a complex matrix with potential health benefits. Potato Research, 57: 201-214.

Akilen R, Deljoomanesh N, Hunschede S, et al. 2016. The effects of potatoes and other carbohydrate side dishes consumed with meat on food intake, glycemia and satiety response in children. Nutrition & Diabetes, 6: e195.

Bolin H R, Huxsoll C C. 1991. Control of minimally processed carrot (*Daucus carota*) surface discolotation caysed by abrasion peeling. Food Science, 56(2): 416-418.

Burlingame B, Mouillè B, Charrondière R. 2009. Nutrients, bioactive non-nutrients and anti-nutrients in potatoes. Journal of Food Composition and Analysis, 22 (6): 494-502.

Camire M E, Kubow S, Donnelly D J. 2009. Potatoes and human health. Critical Reviews in Food Science and Nutrition, 49(10): 823-840.

Carmen B A, Miguel A M, Ester F S, et al. 1998. Potato carboxypeptidase inhibitor, a T-knot protein, is an epidermal growth factor antagonist that inhibits tumor cell growth. The Journal of Biological Chemistry, 273: 12370-12377.

Cheng Y, Xiong Y, Chen J. 2010. Antioxidant and emulsifying properties of potato protein hydrolysate in soybean oil-in-water emulsions. Food Chemistry, 120: 101-108.

Cotton P A, Subar A F, Friday J E, et al. 2004. Dietary sources of nutrients among US adults, 1994 to 1996. Journal of the American Dietetic Association, 104: 921-930.

Esposito F, Arlotti G, Bonifati A M, et al. 2005. Antioxidant activity and dietary fibre in durum wheat bran by-products. Food Research International, 38(10): 1167-1173.

Ezekiel R, Singh N, Sharma S, et al. 2013. Beneficial phytochemicals in potato: a review. Food

Research International, 50: 487-496.

Kaspar K L, Park J S, Brown C R, et al. 2011. Pigmented potato consumption alters oxidative stress and inflammatory damage in men. Journal of Nutrition, 141: 108-111.

Kim J, Park S, Kim M, et al. 2005. Antimicrobial activity studies on a trypsin-chymotrypsin protease inhibitor obtained from potato. Biochemical and Biophysical Research Communications, 330: 921-927.

King J C, Slavin J L. 2013. White potatoes, human health, and dietary guidance. Advances in Nutrition, 4(3): 393S-401S.

Liu Y, Han C, Lee M, et al. 2003. Patatin, the tuber storage protein of potato (*Solanum Tuberosum* L.), exhibits antioxidant activity *in vitro*. Journal of Agricultural and Food Chemistry, 51: 4389-4393.

Mcgill C R, Kurilich A C, Davignon J. 2013. The role of potatoes and potato components in cardiometabolic health: a review. Annals of Medicine, 45: 467-473.

Nakamura T, Yamamori M, Hirano H, et al. 1993. Identification of three Wx proteins in wheat (*Triticum aestivum* L.). Biochemistry Genetics, 31: 75-86.

Peña C, Restrepo-Sánchez L P, Kushalappa A, et al. 2015. Nutritional contents of advanced breeding clones of Solanum tuberosum group phureja. LWT - Food Science and Technology, 62: 76-82.

Petersen M A, Poll L, Larsen L M. 1999. Identification of compounds contributing toboiled potato off-flavour ('POF'). Food Science and Technology-Lebensmittel-Wissenschaft & Technologie, 32(1): 32-40.

Pihlanto A, Akkanen S, Korhonen H. 2008. ACE-inhibitory and antioxidant properties of potato (*Solanum Tuberosum*). Food Chemistry, 109: 104-112.

Pots A M, De Jongh H H, Gruppen H, et al. 1998. Heat-induced conformational changes of patatin, the major potato tuber protein. European Journal of Biochemistry, 252: 66-72.

Singh J, Kaur L. 2009. Advances in Potato Chemistry and Technology. London: Academic Press.

Thompson F E, Sowers M, Frongillo E, et al. 1992. Sources of fiber and fat in diets of US women aged 19 to 50: implications for nutrition education and policy. American Journal of Public Health, 82: 695-702.

Van K G, Walstr P, Gruppen H, et al. 2002. Formation and stability of foam made with various potato protein preparations. Journal of Agricultural and Food Chemistry, 50: 7651-7659.

Vinson J A, Demkosky C A, Navarre D A, et al. 2012. High-antioxidant potatoes: acute *in vivo* antioxidant source and hypotensive agent in humans after supplementation to hypertensive subjects. Journal of Agricultural and Food Chemistry, 60: 6749-6754.

Virginie D G. 2008. Protéines de pommes de terre: vers de nouveaux axes de valorisation? Cahiers Agricultures, 17: 407-411.

Waglay A, Karboune S, Alli I. 2014. Potato protein isolates: recovery and characterization of their properties. Food Chemistry, 142: 373-382.

Wu Y, Hu H H, Dai X F, et al. 2020. Comparative study of the nutritional properties of 67 potato cultivars (*Solanum*, L.) grown in China using the Nutrient-Rich Foods ($NRF_{11.3}$) Index. Plant Foods for Human Nutrition, 75:169-176.

Zaheer K, Akhtar M H. 2016. Recent advances in potato production, usage, nutrition: a review. Critical Reviews in Food Science and Nutrition, 56: 711-721.

Zhang H, Xu F, Wu Y, et al. 2017. Progress of potato staple food research and industry development in China. Journal of Integrative Agriculture, 16(12): 2924-2932.

第 2 章　马铃薯原料初加工技术与装备

新鲜马铃薯作为一种食物原料，用于加工面条时需要先将其加工成适合制作面团的初加工产品。可用于面条加工的初加工产品有马铃薯泥、马铃薯浆、马铃薯全粉（生全粉和熟全粉）以及马铃薯面条专用复配粉等。

2.1　马铃薯泥的初加工技术与装备

与马铃薯全粉作为原料相比，使用马铃薯泥作为面条加工用原料，可以大大降低原料成本，因为不用耗费大量的热能去除薯泥中的水分。此外，由于薯泥中含有大量水分，在制作马铃薯面条时不需要再添加额外的水，直接利用薯泥与小麦粉及其他辅料进行混合和面即可，这样可以保留马铃薯中的大部分营养成分。马铃薯面条用薯泥加工的工艺流程如图 2-1 所示。

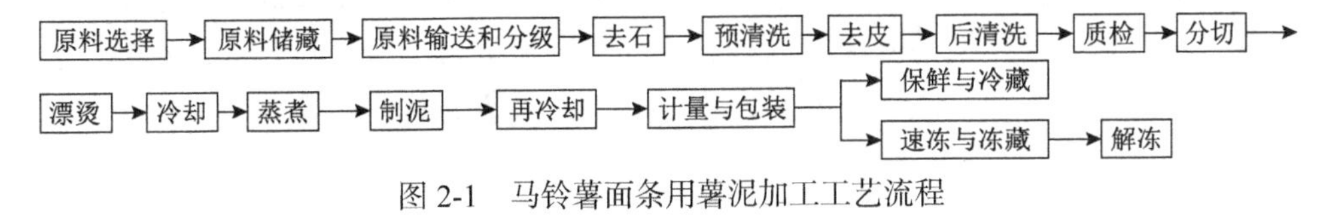

图 2-1　马铃薯面条用薯泥加工工艺流程

2.1.1　原料选择

选用适合加工马铃薯面条的品种作为原料，去除发芽、发绿和腐烂、病变的马铃薯。

2.1.2　原料储藏

由于鲜马铃薯含水量较高，需要将选择好的马铃薯原料放入气调库进行储藏。目前先进的马铃薯气调库，其温度、湿度可以根据需要进行自动调整。马铃薯在气调库内的存储方式分为：散装、箱装和袋装（图 2-2），根据加工需求进行选择，其中散装形式应用最为普遍。马铃薯气调库的通风方式可以根据马铃薯初加工工厂的地理位置进行选择，常用的有三种形式：地面风道通风、地下风道通风和全地下隔层通风。在选址时，气调库部分的地势应适当较低，可以应用地理优势选择地下风道通风，因为地下风道通风比地面风道通风更节省能源。

（a）散装

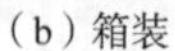

（b）箱装

（c）袋装

图 2-2　马铃薯在气调库内的存储方式

2.1.3　原料输送和分级

气调库内的鲜马铃薯通过出仓机和传动带传送到薯泥加工车间。为了提高马铃薯的利用率，可根据马铃薯的品种、大小和形状进行分级，选择比较小的马铃薯进行马铃薯泥加工，比较大的马铃薯可以加工薯条等其他产品。

2.1.4　去石

从薯库中运输过来的马铃薯，会带入田间的一部分石子，需要对石子进行清理。采用的原理是根据鲜马铃薯和石子的质量密度不同，石子由于密度较大，在水中沉底，石子通过泵体排出。漂浮在上方的马铃薯输送到下一个设备（图 2-3）。

图 2-3　马铃薯去石和预清洗设备

2.1.5　预清洗

去石之后的鲜马铃薯，皮上会带有很多田间的泥土和杂质，需要对整个鲜马铃薯进行清洗。清洗设备里面有螺旋输送槽，螺旋输送槽起到向前输送鲜马铃薯和翻滚鲜马铃薯的作用。清洗设备中的水为循环水，经过简单沉淀后可以多次利用，以节省加工成本。

2.1.6　去皮

清洗之后的鲜马铃薯经过螺旋提升机输送到蒸汽去皮机中，蒸汽去皮机批次式进行去皮（图2-4）。根据生产线的产量，选择不同产能的蒸汽去皮机。每次进入蒸汽去皮机之前，鲜马铃薯需要进行称量，保证每批进入蒸汽去皮机的鲜马铃薯质量的一致性。进入蒸汽去皮机的鲜马铃薯表皮在高压蒸汽下迅速软化，高压蒸汽压力在18bar（$1bar=10^5Pa$）左右，时间小于20s。从蒸汽去皮机中出来的鲜马铃薯被输送到干刷去皮机内，干刷去皮机的中间为一根输送螺杆，四周为毛刷。表皮软化的马铃薯通过螺杆向前输送，与此同时接触到四周毛刷的马铃薯皮被刷掉。对刷下的马铃薯皮进行收集，并输送到马铃薯皮回收的位置。

图2-4　马铃薯蒸汽去皮设备

2.1.7　后清洗

干刷去皮之后的马铃薯，进入后清洗设备，设备构造与预清洗设备构造类似，主要用于清洗去除残留在马铃薯上的碎皮。

2.1.8　质检

清洗之后的鲜马铃薯通过螺旋提升机输送到分布上料振动机，通向去皮质检机。分布上料振动机使得去皮之后的马铃薯均布在质检机上，剔除皮未能去除干净的马铃薯，保证后续马铃薯泥的质量。

2.1.9　分切

通过质检之后的去皮马铃薯通过水输送管道进入马铃薯分切机，在水力切刀的作用下，整个马铃薯被切分成片状，目的是方便后续马铃薯的蒸煮，缩短马铃薯的蒸煮时间，节约能源，降低加工成本。

2.1.10　漂烫

分切后的马铃薯片进入漂烫机。漂烫的目的是防止马铃薯的褐变，同时有利于淀粉的凝胶化和细胞膜的保护。漂烫可通过在水中通入蒸汽完成，蒸汽压力在4bar左右，水温控制在70～75℃，时间控制在20min左右。

2.1.11　冷却

根据最终产品的要求，选择是否进行冷却。冷却的目的在于去除马铃薯片表面的游离淀粉，降低马铃薯泥的黏度。

2.1.12　蒸煮

漂烫之后的马铃薯片进入蒸煮设备，蒸煮设备中有螺旋结构，在向前输送马铃薯片的同时，对马铃薯片进行搅拌，使得马铃薯片能够均匀受热，提高蒸煮效率。在蒸煮的过程中，可以添加具有护色作用和防止淀粉颗粒黏结的添加剂。

2.1.13　制泥

蒸煮之后的马铃薯片进入制泥机，制泥机内有一个比较长的绞龙，蒸熟之后的马铃薯片通过长绞龙向前输送，同时绞龙起到捣泥的作用。在绞龙的出口处装有筛网，捣泥之后的马铃薯泥通过筛网进入下一道加工工序。

2.1.14　再冷却

从筛网出来的薯泥通过低温隧道进行快速冷却，冷却出口温度控制在20～25℃，冷却时间控制在1h左右。

2.1.15　计量与包装

冷却后的薯泥进入计量器，计量器上设定将要包装的单位质量，从计量器出来的薯泥分为两种包装方式：后续直接使用或用于冷藏的薯泥多采用大袋包装或装入临时的周转箱；用于冷冻的薯泥装入不锈钢模具（多为砖形）中。

2.1.16　保鲜与冷藏

将包装在塑料大袋内或装入临时的周转箱的马铃薯泥立即放入冷藏库中进行保存，冷藏库温度设定在 4℃左右，并及时使用。

2.1.17　速冻与冻藏

装入不锈钢模具中的薯泥要进入速冻隧道进行速冻，速冻隧道可选用螺旋隧道或平直隧道。速冻后要求薯泥中心的温度达到–8℃，在 30min 以内完成。速冻成型之后的马铃薯泥脱模，然后进行内包装和外包装。包装之后的马铃薯泥放入冷冻库内进行冻藏，冷冻库温度设置为低于–18℃。

2.1.18　解冻

冻藏的马铃薯泥在用于马铃薯面条加工时，从冷冻库中取出，解冻后使用。

2.2　马铃薯熟全粉的初加工技术与装备

马铃薯熟全粉主要有颗粒全粉和雪花全粉两种类型。马铃薯颗粒全粉是细颗粒状产品，马铃薯雪花全粉是片屑状或细粉末状产品。两者的工艺前端基本类似，均通过原料选择、原料储藏、原料输送和分级、去石、预清洗、去皮、后清洗、质检、分切、漂烫、冷却、蒸煮、制泥工艺，上述工艺与马铃薯泥的加工工艺基本相同，可参照 2.1 节内容。干燥阶段开始，两者的加工工艺具有差异。

马铃薯颗粒全粉工艺流程如图 2-5 所示。

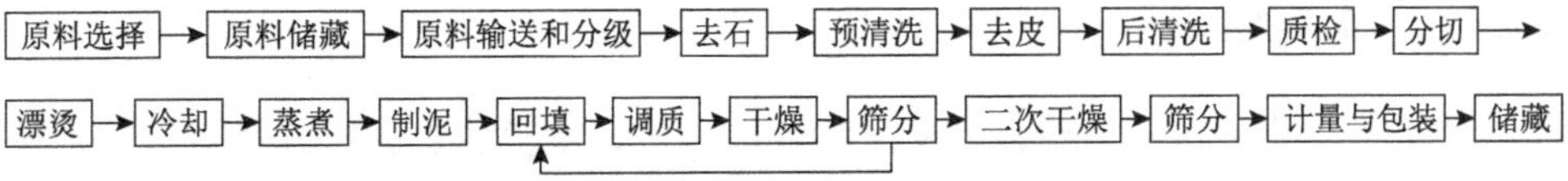

原料选择 → 原料储藏 → 原料输送和分级 → 去石 → 预清洗 → 去皮 → 后清洗 → 质检 → 分切 →

漂烫 → 冷却 → 蒸煮 → 制泥 → 回填 → 调质 → 干燥 → 筛分 → 二次干燥 → 筛分 → 计量与包装 → 储藏

（筛分 → 回填）

图 2-5　马铃薯颗粒全粉工艺流程图

马铃薯雪花全粉工艺流程如图 2-6 所示。

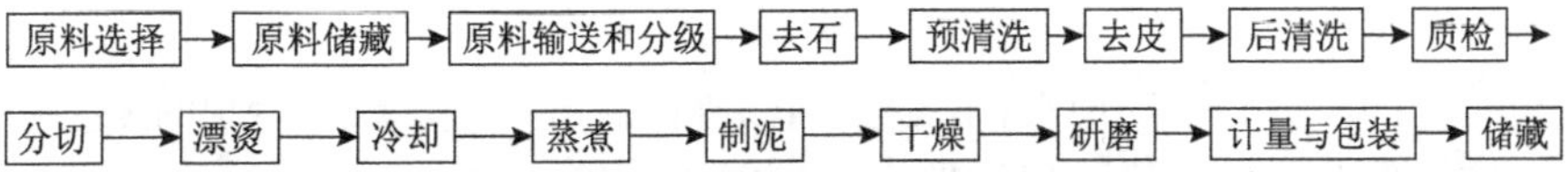

原料选择 → 原料储藏 → 原料输送和分级 → 去石 → 预清洗 → 去皮 → 后清洗 → 质检 →

分切 → 漂烫 → 冷却 → 蒸煮 → 制泥 → 干燥 → 研磨 → 计量与包装 → 储藏

图 2-6　马铃薯雪花全粉工艺流程图

2.2.1 干燥

马铃薯颗粒全粉采用回填技术和流化床干燥方法保证了细胞的完整性。与马铃薯雪花全粉相比，细胞完整性较好，游离淀粉较少，黏度较低，但是加工成本较高。

马铃薯雪花全粉通过将马铃薯泥平沾在干燥滚筒上，形成一层薄膜状薯泥，通过干燥滚筒上的高温对马铃薯泥进行干燥（图 2-7）。干燥之后的马铃薯泥通过绞龙进行初期粉碎，然后通过气体输送到缓存料仓。

图 2-7　马铃薯雪花全粉干燥滚筒

2.2.2 研磨

经过绞龙初步粉碎的马铃薯雪花全粉输送到缓存料仓，从缓存料仓出来的马铃薯雪花全粉首先进行初步粉碎，目数为 40～60 目。根据需要，可以对马铃薯雪花全粉进行进一步粉碎，以达到要求的粒度。

马铃薯颗粒全粉在干燥之后直接通过筛网，通过不同粒度筛网的颗粒全粉根据需要进行粒度分类和回填。

2.2.3 计量与包装

马铃薯雪花全粉和马铃薯颗粒全粉成品通过计量包装机进行计量和包装，质量可以根据需要进行设定。包装形式可以是用于工厂使用的大袋包装，也可以是家庭使用的小包装。

2.2.4 储藏

包装好的马铃薯全粉应在阴凉通风处进行保存，一般保质期都可以达到一年以上。如果保存条件良好，保质期最长可以达 8 年。

2.3　马铃薯生全粉的初加工技术与装备

传统的马铃薯熟全粉在生产过程中需经高温热处理，使得其中的淀粉糊化度都在 90%以上，一些热敏性的营养和风味物质被破坏，同时由于淀粉的糊化，其后续的加工性能较差，不利于食品的成型加工，特别是在需要再次蒸煮的传统中式主食中的应用。因此，开发一种淀粉糊化度低、后续加工性能好的马铃薯生全粉，已成为马铃薯全粉开发的热点。马铃薯熟全粉的熟化主要发生在漂烫和高温脱水干燥阶段，马铃薯生全粉虽然不经过漂烫，但如何控制马铃薯原料在干燥过程中的淀粉糊化是生全粉生产的关键。

2.3.1　清洗

分拣无发芽、冻伤、发绿和病变腐烂的马铃薯，用清水浸泡、清洗，去除表面杂质及泥土。

2.3.2　去皮

将马铃薯表皮经蒸汽热烫去皮（参照 2.1.6 小节），或采用机械去皮的方法，如利用毛刷去皮机刷掉马铃薯的皮。

2.3.3　再清洗

去皮后的马铃薯由传动带输送到清水池内，再次清除表面的皮和杂物，并剔除芽眼处未除净的皮。

2.3.4　分切

马铃薯一般被切成 10mm 左右厚的片状或丁状（2cm × 3cm × 3cm），以便后续的干燥脱水。

2.3.5　护色

褐变是马铃薯加工过程中一个比较棘手的问题。马铃薯组织中富含多酚氧化酶（PPO），加工过程中马铃薯细胞组织破碎导致 PPO 与多酚类底物接触，生成醌类物质，再与细胞内蛋白质的一些氨基酸基团发生反应生成黑色或褐色物质，引起褐变。对于生全粉，化学护色的方法是目前防止褐变最常采用的一种方法。如果采用热处理方法防褐变，处理的温度要适当调低，处理时间要短。

1. 单一护色剂

利用0.3%亚硫酸钠结合湿热高温处理，处理时间控制在5～20s，能较好地达到护色效果。

2. 复合护色剂

（1）用0.1%氯化钙、0.2%柠檬酸和0.15%抗坏血酸的水溶液，护色处理时间一般为20～40min。

（2）用0.1%抗坏血酸、0.3%植酸、0.4%柠檬酸和0.35% L-半胱氨酸复配的水溶液处理，也能取得良好的护色效果，可有效抑制生全粉加工过程中的褐变。

（3）采用1.2%维生素、0.35%柠檬酸和0.05% $CaCl_2$ 的水溶液，加热到70℃，护色处理时间为30s左右。

3. 温和漂烫

在90℃的条件下，漂烫2～3min。为防止在干燥中发生黏胶或焦糊的现象，漂烫后立即用冷水清洗降温，将马铃薯片或马铃薯丁表面的游离淀粉除去，使制得的马铃薯生全粉不易糊化。冷却的时间应满足使薯片的中心温度降至15～20℃以下。

2.3.6　低温干燥

1. 闪蒸干燥

闪蒸干燥是工业中较为常用的一种直接干燥的方法，通过非间接或间接加热产生的热空气，在干燥管道内与被干燥物料直接接触进行干燥，并同时将物料和蒸发的水蒸气带出机外。图2-8为闪蒸干燥机的基本原理。与传统熟全粉生产中所采用的滚筒干燥或热风干燥相比，闪蒸干燥的热接触时间短，干燥效率更高，同时在干燥的过程中，被干燥物料的温度一直处于较低的水平，因此适合干燥一些热敏性的原料。

2. 热风流化床干燥

热风流化床干燥机是一种干燥效率高、密封性好的设备。干燥原理是利用具有一定流速自下向上流动的热空气，使干燥室底部多孔分布板上需要干燥的颗粒状物料被热气流吹起，呈一种沸腾悬浮状态，称为固体流化状态。此时，颗粒状物料与热空气间进行气-固两相高度混合，同时进行传热传质过程。颗粒状物料被热空气加热，其中的水分汽化进入气相并被热风带出干燥室，颗粒状物被干燥。图2-9表示干燥热风从底部纵向进入流化床顶部，湿热风通过在流化床顶部下方均匀分布的热风支管排出，对流化床底部吹起的物料进行自下而上的干燥。

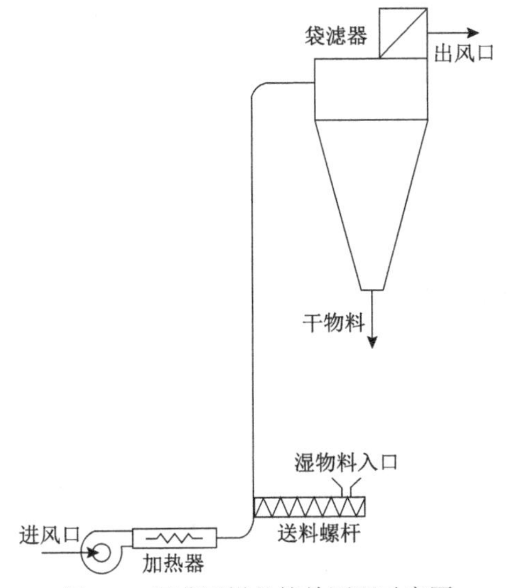

图2-8　闪蒸干燥的简单原理示意图

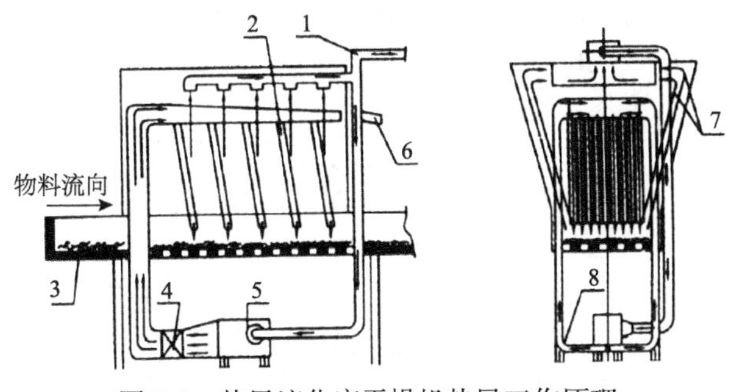

图2-9　热风流化床干燥机热风工作原理

1. 排潮管；2. 热风支管；3. 流化床；4. 加热器；5. 离心风机；6. 进风口；7. 回风管；8. 热风管道

3. 闭环除湿热泵干燥

闭环除湿热泵干燥方法所采用的热泵干燥系统由两个子系统组成：干燥介质回路和压缩机制冷剂回路（图2-10）。热泵干燥介质的热量主要来自干燥过程中排出的温湿空气中所含的湿热和潜热，所需要输入的能量只是热泵压缩机的耗能，而热泵又具有消耗少量的能量而获得大量热量的特点。热泵可从低温热源吸取热能，如可以从自然环境或余热资源吸热，从而获得比输入能量更多的输出热能，并使低位热能转化为高位热能。干燥介质回路主要由干燥室与循环风机组成。设置干燥温度为50～60℃，相对湿度为50%，干燥时间为2～3h。压缩机制冷剂回路则由蒸发器、冷凝器、压缩机和膨胀阀组成。

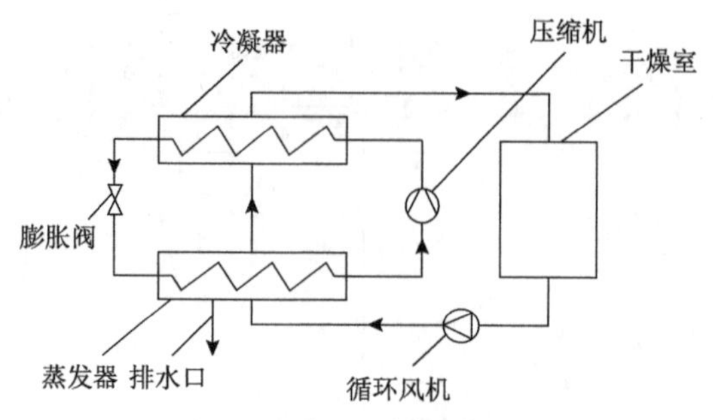

图 2-10　热泵干燥系统原理

4. 中短波红外干燥

红外线干燥，又称红外辐射加热，是把电能或其他形式的能量转变成辐射能的方法。中短波红外干燥技术是一种具有发展前景的干燥方法，中短波红外干燥机主要由热源和辐射基体两部分组成（图 2-11）。其红外辐射的波长范围为 0.75～4μm，具有波长短、穿透力强和加热快的特点，可以提高干燥速率，降低能耗，最大限度地保留产品的营养成分。设置干燥温度为 50～60℃，干燥功率为 1125～2025W，干燥时间为 1～2h。

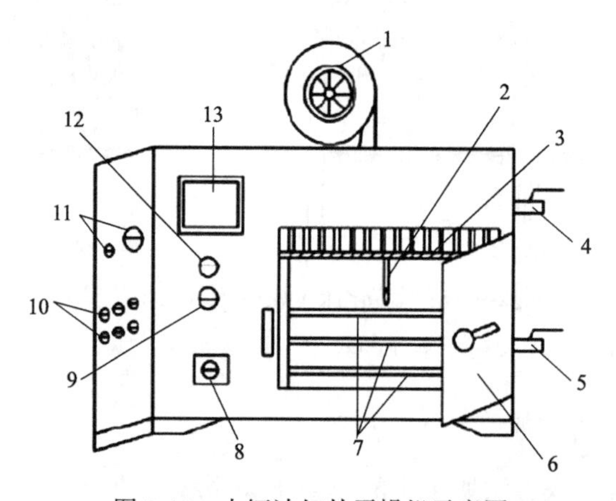

图 2-11　中短波红外干燥机示意图

1. 风机；2. 温度传感器；3. 灯管；4. 出风口；5. 进风口；6. 门；7. 载物板；8. 风速调节旋钮；9. 风机开关；10. 红外灯管开关；11. 电源开关；12. 加热开关；13. 触摸显示屏

2.3.7　研磨

根据对马铃薯生全粉粒度的要求，选择粉碎目数，将马铃薯干片或马铃薯干丁用研磨机研磨后进行筛分。

2.3.8　计量与包装

将合格的马铃薯生全粉经称量计量后装入包装袋封口。

2.3.9　储藏

马铃薯生全粉在避光、干燥、通风处储藏，避免潮湿及微生物的污染。

2.4　马铃薯面条专用复配粉的加工技术与装备

马铃薯面条专用复配粉主要由优质小麦粉和马铃薯全粉组成，以及添加提高面条品质的相关辅料。马铃薯面条复配粉可用于鲜切面、半干面、挂面及熟面条，如常温即食面条和冷冻面条等的制作。马铃薯全粉在复配粉中的占比范围一般为15%～55%，可根据马铃薯面条的种类及用户的要求进行调整。

马铃薯面条专用复配粉加工工艺如图 2-12 所示。

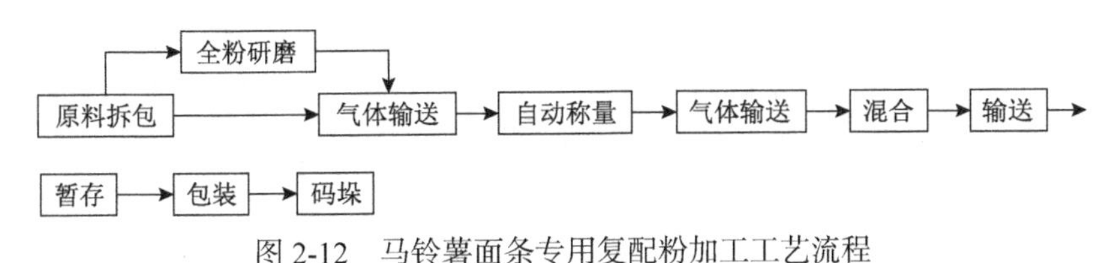

图 2-12　马铃薯面条专用复配粉加工工艺流程

2.4.1　原料拆包

外购的小麦粉和马铃薯全粉大多为袋式大包装。将袋式大包装的原料拆包，并倒入振动筛中，过滤除去原料中的杂质，过滤后的原料通过负压管道输送到原料仓中。原料仓上装有高料位检测器和低料位检测器。当原料仓中的原料高于高料位时，发出报警信号，原料输送电机关闭。当原料仓中的原料低于低料位时，发出缺料报警信号，继续向振动筛注入原料（图 2-13）。

图 2-13　振动筛及原料仓

2.4.2 原料研磨

市场销售的马铃薯全粉粒度范围为 40～60 目。由于马铃薯全粉的粒度会影响面条成品的滑爽程度和蒸煮损失率，需要对马铃薯全粉进行进一步研磨，使马铃薯全粉的粒度达到 80～120 目。由于马铃薯全粉的质量密度较小，比较松散，因此最好选择涡流式研磨机进行研磨。涡流式研磨机具有研磨微粒小、温升幅度小等特点。机组由研磨主机、微粉收集器、布袋收集器、输送管道、电气控制柜及离心风机等部分组成（图 2-14）。物料进入研磨主机内部停留的时间短，可防止过度粉碎及温度升高时对物料的影响。研磨后，粉体在管道负压的作用下，进入微粉收集器，经排料阀排出。马铃薯全粉的粒度可以通过更换不同目数的筛网加以控制。

2.4.3 自动称量

根据每批次原料粉的质量及复配粉配方中各原料成分的比例，对每批加入缓存料仓内的各种原料粉进行在线称量（图 2-15）。电子秤的预设值可以根据配方的不同进行调整。当每种原料粉的质量达到电子秤的预设值时，则停止向电子秤加料。在线电子秤中称量好的原料粉进入缓存料仓内，再进行下一个批次原料粉的称量。

图 2-14 涡流式研磨机

图 2-15 自动称量设备

2.4.4 在线定量混合

当上一批次的原料粉混合结束后，暂留在缓存料仓里的原料通过负压输送到混合机内。为了提高马铃薯面条复配粉的混合效率和混合的均匀度，多采用双桨叶式混合机（图 2-16）。双桨叶式混合机主要由两根相反旋转的轴以一定的相位排列及由安装在轴上面的桨叶所组成。在电机的驱动下，一侧轴上的桨叶将物料甩起随其一道旋转，另一侧轴上的桨叶利用相位差将一侧甩起的物料反向旋转再甩起。这样，两侧的物料便相互落入两轴间的腔内，物料从而在混合机的中央部位形成了一个流态化的失重区。流动着的物料虽然是固体，但其表现的形式却像流体一样。由于桨叶是以一定的角度安装的，且做低速圆周旋转，物料被提升后形成了一个旋转的涡流，这种处于失重状态下的涡流产生混合作用，使物料快速、充分和均匀地混合。

2.4.5　自动包装

由混合机混合后的马铃薯面条复配粉通过在缓冲仓内短暂停留后，被输送到包装车间。根据市场和客户需求，马铃薯面条复配粉可包装成 1kg 的小包装、5kg 的中等包装和 25kg 的大包装。1kg 的小包装和 5kg 的中等包装采用预制袋进行包装，自动包装机（图 2-17）可以完成自动上袋、称量、灌装、封口和打码操作，包装完成的马铃薯面条复配粉通过重量与金属检测仪进行重量和金属检测，然后通过传动带传送到外包区域进行装箱和码垛。25kg 的大包装可以通过大袋包装机自动完成称量和装粉，上袋和封口一般需要人工辅助。包装完成之后的大包装也需要进行重量和金属检测，最后由传动带传送到码垛区。

图 2-16　双桨叶式混合机

图 2-17　马铃薯面条复配粉（中小）自动包装机

参 考 文 献

沈存宽. 2017. 马铃薯生全粉的制备及应用. 无锡: 江南大学.

宋小勇, 钟宇, 邓云. 2014. 热泵干燥技术的研究现状与发展趋势. 上海交通大学学报(农业科学版), 4: 60-66, 70.

孙平, 周清贞, 高洁, 等. 2010. 马铃薯全粉加工过程中的护色. 食品研究与开发, 31(10): 43-46.
唐璐璐, 易建勇, 毕金峰, 等. 2015. 丰水梨中短波红外干燥特性和品质变化规律. 食品与机械, 6: 64-69, 155.
陶智麟. 2007. 3 种流化床梗丝干燥设备热风系统对比. 烟草科技, 2: 14-15, 19.
王汪洋. 1996. 双轴桨叶式混合机. 渔业现代化, 6: 11-14.
赵奕昕. 2016. 马铃薯生粉加工工艺及其营养与功能特性研究. 乌鲁木齐: 新疆农业大学.
Horton D E. 1987. Potatoes: Production, Marketing, and Programs for Developing Countries. London: Westview Press.
Mujumdar A S. 2014. Handbook of Industrial Drying. Boca Raton: CRC Press.
Tan Y Y, Zhao Y, Hu H H, et al. 2019. Drying kinetics and particle formation of potato powder during spray drying probed by microrheology and single droplet drying. Food Research International, 116: 483-491.

第3章　马铃薯面条的种类及其加工原理

千百年来，随着面条加工工艺技术与装备的不断革新和发展，传统面条也衍生出了各式各样的种类，不断满足着人们对面条消费的需求。马铃薯面条也借助传统面条的丰富加工工艺、种类及食用方式推陈出新。

3.1　马铃薯面条的种类

3.1.1　依据加工工艺划分

依据加工工艺的不同，马铃薯面条可分为手擀面、鲜切面、半干面、挂面、线面、面饼、方便面和挤压面等。其中，马铃薯挂面以小麦粉和马铃薯全粉或薯泥为主要原料，经延压方法制成各种规格的切面，再经过悬挂干燥，切制成一定长度的干面条。在制作时如果再添加鸡蛋、彩色马铃薯和蔬菜等辅料，干燥后称为花色面。马铃薯线面又称为拉线面、龙须面或面线，是用传统手工拉伸或用机制方法拉制而成的横截面直径在 1.0mm 以下的面条。马铃薯面饼是先将湿面条做成饼状，再制成饼状的干制面条。面饼的长、宽造型，根据各地食用习惯而定，马铃薯方便面也称速煮面或速食面，又分为油炸方便面和非油炸方便面两种类型，是用沸水冲泡 3～5min 或煮 1～2min 后加入汤料即可食用的面条。马铃薯挤压面则是将面团放在压模中受压通过模孔加工成型的面条，形状多样。

3.1.2　依据含水量及储存温度条件划分

依据含水量的不同，马铃薯面条分为鲜切面、半干面和干面；依据储存温度条件的不同，马铃薯面条分为常温面、冷藏面和冷冻面。它们之间又有许多交叉（图 3-1）。

3.1.3　依据食用形式划分

依据食用形式的不同，马铃薯面条可分为如下类型。汤面：中式面条的主要食用形式；拌面：如重庆小面、热干面、炸酱面和担担面等；炒面：如自加热面条多为炒面；蘸面：蘸汁食用，如陕西关中的蘸水面；蒸面：蒸熟后食用，如豆角蒸面；

凉面：冷食面，凉拌面、朝鲜冷面等；复水面：泡水后食用，如方便面、微波面等。

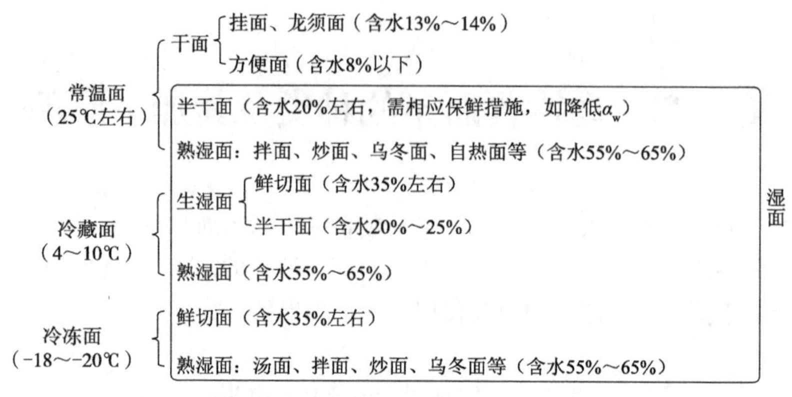

图 3-1　依据含水量及储存温度条件划分的马铃薯面条

3.2　马铃薯面条的面筋网络形成及压延原理

要加工出高品质的马铃薯面条，对用于配制复配粉的小麦粉的粉质指数、稳定时间、面筋含量、白度、灰分和吸水性等有特殊要求，特别是必须要含有足量的面筋蛋白。面团必须经过熟化，使复配粉中的蛋白质充分、均匀吸收水分形成面筋网络，以提高面条制品的筋道程度。

3.2.1　面筋网络形成的原理

面筋蛋白主要由麦谷蛋白和麦醇溶蛋白组成。麦谷蛋白分为三个区域：A 区，即高分子量的谷蛋白亚基（HMW-GS）；B 区，即中分子量的谷蛋白亚基（MMW-GS）；C 区，即低分子量的谷蛋白亚基（LMW-GS）。HMW-GS 一般由 630～830 个氨基酸组成，分子量为 67500～88000。其肽链又可分为三段：由 N 端和 C 端较短的非重复区域夹着较长的有重复区域的中间区域。非重复区域含大部分或全部的半胱氨酸残基，一部分半胱氨酸残基可形成分子间的二硫键，用于形成稳定高分子麦谷蛋白的多聚体。HMW-GS 的 N 端中 α 螺旋上的半胱氨酸残基能彼此间或与 LMW-GS 间交联又形成弹性聚合体。麦谷蛋白的化学结构特性有利于形成网状结构，对面团的弹性起着重要作用（图 3-2）。

麦醇溶蛋白是单体蛋白，它分为 α-麦醇溶蛋白、β-麦醇溶蛋白、γ-麦醇溶蛋白和 ω-麦醇溶蛋白四种类型。α-麦醇溶蛋白、β-麦醇溶蛋白、γ-麦醇溶蛋白的结构相类似，均有重复的 N 端区和非重复的 C 端区，其肽链上存在 3～4 个分子内二硫键。面团中的麦醇溶蛋白填充在由麦谷蛋白形成的网络结构中，麦醇溶蛋白之间通过氢键和疏水作用相互反应，对面团的黏性起主要作用（图 3-2）。

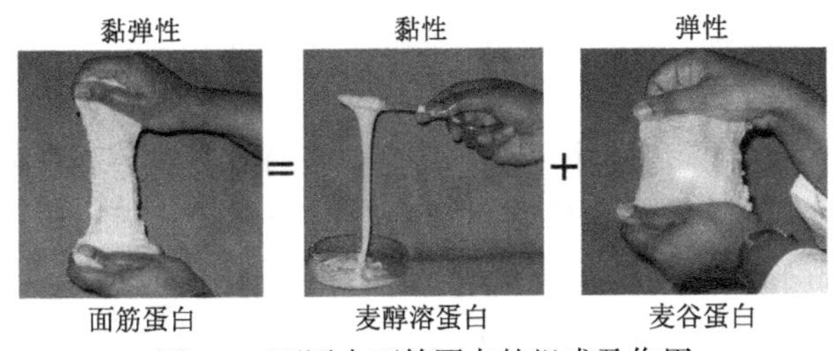

图 3-2　面团中面筋蛋白的组成及作用

1. 麦谷蛋白形成网状结构的机理

目前已有众多模型解释麦谷蛋白形成三维网状结构的原因。Don 等（2005）提出的颗粒超聚集模型（hyper-aggregation model）是众多面筋网络结构的模型之一。他们认为麦谷蛋白形成的网状结构是由不同大小的麦谷蛋白颗粒在不同作用力下超聚集形成的颗粒网状结构。其形成过程分为三步：第一步，麦谷蛋白质分子首先发生聚合作用；第二步，聚合的蛋白质分子进一步发生聚集作用；第三步，聚集作用形成颗粒状蛋白聚集体，这些聚集体再经过超聚集，就形成了面筋网络结构（图 3-3）。

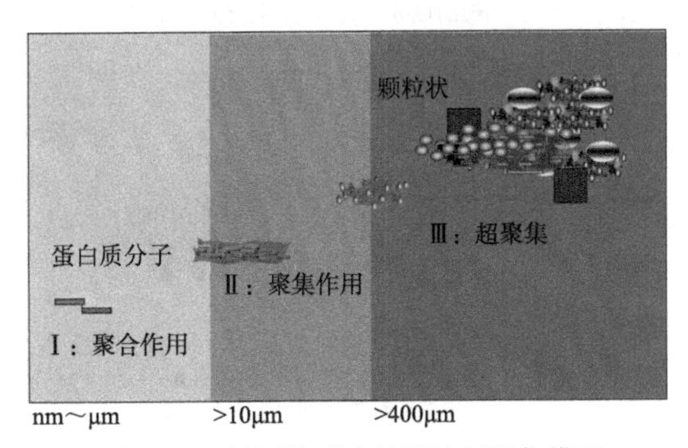

图 3-3　面筋网络形成的颗粒超聚集模型

2. 影响蛋白聚集和面筋网络形成的因素

影响蛋白聚集体形成的因素有面筋蛋白的含量、pH 值、湿度、温度、压力和氯化钠离子浓度等。蛋白颗粒间的相互作用（包括二硫键的形成）影响面筋网络结构的形成。

3. 马铃薯-小麦粉复合面团中的网状结构假设

马铃薯成分（主要是淀粉和蛋白质）的添加会阻碍小麦面筋网络的形成，同时马铃薯淀粉颗粒较大，很难填充到面筋间隙中。另外，马铃薯本身的糖蛋白

patatin 中也含半胱氨酸，可在自身分子间或与面筋蛋白形成二硫键，形成“类面筋”的结构。将马铃薯全粉-小麦粉面团经过强力压面和熟化处理，马铃薯中的 patatin 也可起到“类钢筋”的作用。如果将制作筋道马铃薯面条面团的结构比作钢筋水泥，那么麦谷蛋白形成的网络结构就如同纵横交错的粗钢筋，麦醇溶蛋白则如同固定粗钢筋的钢丝。马铃薯本身 patatin 的“类面筋”也被“编织”到面筋网络结构中与之发生交联，而小麦淀粉颗粒和马铃薯淀粉颗粒如同水泥充填在钢筋网络之中。为此，我们提出了马铃薯-小麦粉复合面团的“钢筋水泥”假设（图 3-4）。

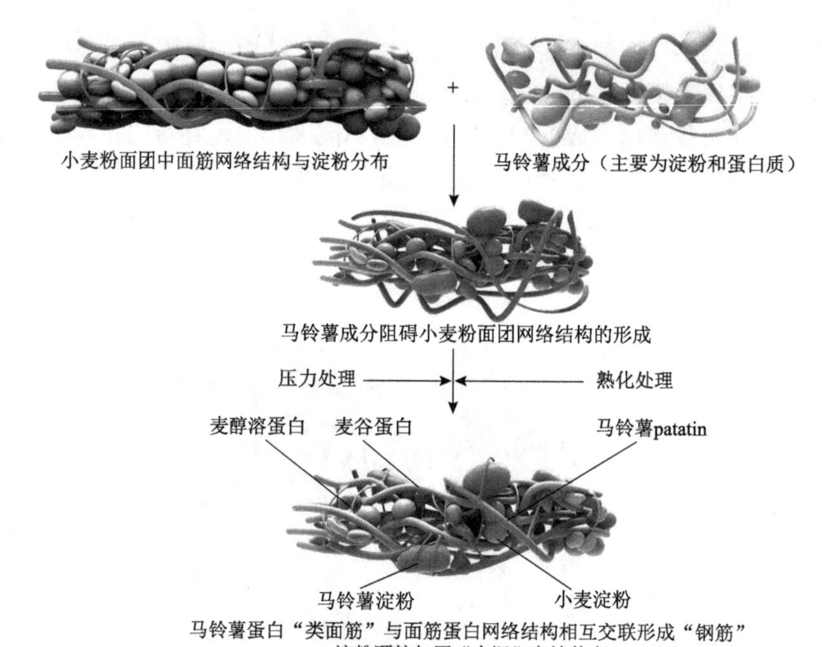

图 3-4　马铃薯-小麦粉复合面团的“钢筋水泥”假设图解

3.2.2　面筋网络形成的条件

马铃薯-小麦粉复合面团除马铃薯全粉和小麦粉以外，水分和食盐也十分重要。它们复合于一体，在制成面条前后，还需要经过一定时间的熟化和强力压面的处理。

1. 水分

（1）水的作用：使面粉形成可塑性面团；溶解盐、碱等可溶性辅料；促进面筋形成；调节面团湿度，便于面条干燥时作为传热介质。

（2）水质的要求：水质影响面条质量。如果水质过硬，水中金属离子易与蛋白质结合，降低面筋弹性和延伸性；金属离子与淀粉结合影响淀粉的正常胀润和糊化。

在我国制作面条可使用符合卫生标准的饮用水，并满足下列条件：硬度<10的软水，pH 值 5.8～7.0（中性，过酸面筋过软，过碱影响蛋白质溶解），铁含量<1ppm（1ppm=10^{-6}），锰含量<1ppm。日本对面条加工用水的质量标准更严格，饮用水同时满足下列条件：pH 值 5～6，硬度<10，浊度<1，色度<1，铁+锰含量<0.1ppm，碱度<30ppm，有机物<5ppm。

（3）水分用量：一般情况下，和面时水分的用量大约为马铃薯复配粉质量的35%～41%。但是，由于不同原料混配的马铃薯复配粉其吸水率不同，或加工季节和空气湿度不同，和面用水量也有一定的差别，要根据面团软硬状态的要求调整加水量。如果采用马铃薯泥和面，加水量则大大减少或完全不需要加水。

2. 食盐

（1）食盐的作用：食盐可以改善面团的工艺性能，主要表现在促使面粉在和面时吸水快而均匀，缩短和面时间；增强湿面筋的弹性和延伸性；稳定工艺条件，控制面团硬度和弹性；起调味作用，并抑制杂菌滋生，延长保存期；有利于控制干燥条件，减少烘干时引起的酥条现象；减小面条的蒸煮损失率。

（2）食盐用量：机制马铃薯面条的食盐使用量一般为 2%～3%，但传统手工挂面为 3%～5%。

传统手工挂面为什么需要更高的食盐添加量？食盐可增加面筋分子之间的相互作用，这样的相互作用增加了面团的延伸面积和延伸阻力。传统手工挂面的小麦粉质量可能不达标或加工环境温度不适，含量较高的食盐对面条产品质量起着至关重要的作用。含盐量低于 3%的面团难以制作手工挂面。然而，在添加 5%～6%的食盐后，过量的蛋白质聚集会破坏面筋网络，从而导致延伸面积和延伸阻力降低。因此，含盐量为 3%～5%是生产传统手工挂面制品的最佳用量。

添加食盐也有其不利的一面，即面条容易返潮软化。食盐添加量应根据马铃薯复配粉中蛋白质含量、气温高低、面条加工工艺要求及消费习惯加以调整。

3. 一次面絮熟化

通常将马铃薯复配粉与水分均匀混合后呈现的絮状颗粒称为面絮。面絮在形成面团之前需要熟化。面絮熟化又称为面絮醒面，是指从和面机放出的面絮需要在恒温恒湿的条件下静置一段时间，使面絮充分均匀吸水，面絮内的蛋白质分子进一步与水作用，使面絮的工艺性能得到进一步改善，保证后续形成的面团具有柔韧、细腻的特点。面絮熟化的目的是：

（1）使水分最大限度地渗透到蛋白质胶体粒子的内部，使之充分吸水膨胀，其空间结构进一步发生变化，以获得良好的韧性和粘连性，从而更易于互相粘连；

（2）通过静置熟化，消除面絮的内应力，使面团内部结构稳定；

（3）促进蛋白质和淀粉之间的水分自动调节，达到均质化，起到对粉粒的调制作用；

（4）对面团的压面工序起到均匀喂料的作用，可促进面粉与水分的进一步水合，促进面筋组织的有序形成。

因此，面筋组织形成的核心条件是水合、时间和温度。当面絮中的面筋形成后，面絮则自然粘连成团状。当面絮自然静置熟化时，水分挥发可造成面絮表面干硬。这样熟化的湿度及时间条件均不能满足工艺要求，加工出来的面条易断条，无弹性，严重影响产品质量。因此，面絮熟化需保持相对湿度在 85%左右的恒湿状态。面絮熟化所需要的时间与温度有直接关系，温度较高时，熟化的时间相对较短，温度较低时，熟化的时间相对较长。但是熟化的温度不宜过高或过低，温度过低熟化的时间过长，制面的效率降低；而温度过高时虽然熟化的时间可以缩短，但是可能导致面絮中微生物繁殖甚至发酵。面絮熟化的时间-温度曲线如图 3-5 所示。

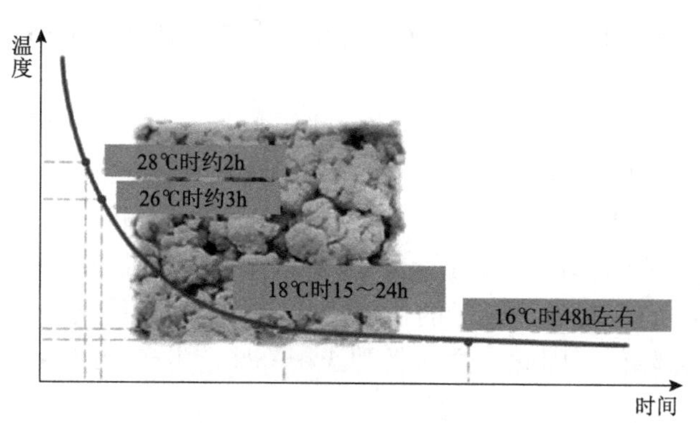

图 3-5　面絮熟化的时间-温度曲线

为了实现稳定的熟化条件，面絮熟化应在密闭的恒温恒湿设备内进行。优选的面絮熟化温度为 25℃左右，向密闭空间通入湿水滴，空间湿度保持在 85%左右。根据面条的加工规模和是否连续化生产，选择不同类型的面絮熟化装备。由于不同季节的气温差异很大，为了保证常年加工时的恒温条件，面絮熟化装备需要既有加热升温又有制冷降温的功能。

4. 强力压面

通过熟化后的面絮，其内部面筋网状组织已达到稳定状态，具有柔软性、黏弹性和延展性。此时，面絮很容易形成面团，进而对形成的面团需要进行多次折叠，进行强力压面。在对面团进行压面时，面团本身具有抵抗外来压力的应力。当压面力量不足，面团应力大于外加压力时，马铃薯蛋白不能形成"类面筋"，马铃薯淀粉也不能与小麦面筋网络和淀粉形成有序的"钢筋水泥"结构。在强力压面过程中，位于面团中央的部位充分接受到强力压面的力量，而面团周围的部分则受力不足。因此，需要对面团折叠后再压面，使得整个面团受到均匀的压力，形成的面筋网络有序而稳定（图3-6）。

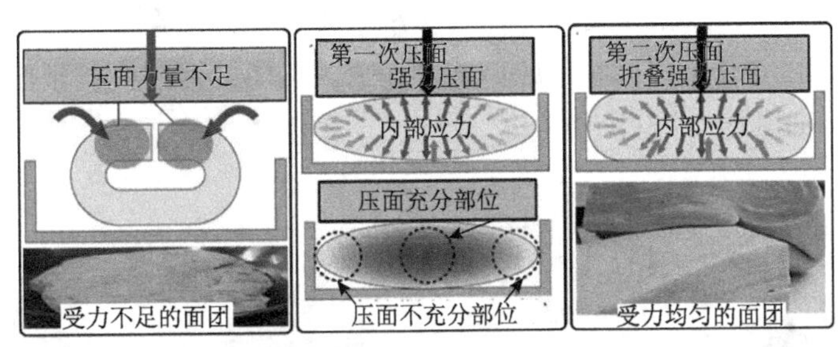

图3-6　马铃薯面团的内部应力与外来压力-折叠压面的关系

5. 二次面带熟化

经过折叠压面后的面团，压成厚度为2～3cm的面带，尚需要二次熟化，这样有利于马铃薯面带中面筋的强化。二次面带熟化的温度和时间与面絮熟化基本一致，恒温恒湿和足够的时间是最基本的条件。对于小批量的马铃薯面条加工，采用批次的面带熟化方式；对于规模化的生产线加工，则需要配置连续化的面带熟化装备。

经过熟化后的面带内部面筋网状组织达到十分稳定的状态，具有柔软性、黏弹性和延展性，更便于后续延压工序的进行，加工出的马铃薯面条面筋组织稳定，含水量稳定，口感筋道爽滑。对于马铃薯挂面而言，面条在挂杆烘干设施内干燥时不易拉长和酥条，减少了面头的产生，提高了面条的成品率，同样具有柔韧、细腻和口感好的特点。

综上所述，马铃薯面条的前端加工采用一次面絮熟化—折叠强力压面—二次面带熟化的强筋工艺十分重要。

3.2.3　马铃薯面条的延压原理

面条的成型方法主要有三种：拉伸法、延压法和挤压法。拉伸法是对充分混合熟化的面团进行反复拉伸而成（如拉面），多为经验性强的手工操作。延压法是对面团反复擀压或碾压成片后切条（如挂面），由于面团在延压的过程中受拉伸、压缩及剪切等力的综合作用，生产的面条口感硬实。挤压法是将面团放在压模中受压通过模孔成型而成（如河漏），制成的面条口感较软，适于制作低面筋或无面筋（无麸质）的面条等，如玉米面条，也适合制作马铃薯占比高的面条。不同的制作方法其加工原理也不相同。

1. 延压方向对面带面筋强度的影响

采用延压方式制作马铃薯面条时，需要遵循面条延压的基本原理。面条的延压方式源于最初的传统手工擀面方法，传统手工擀面方法在擀面时要向面片的不同方向擀压[图 3-7（a）]，面条的口感才筋道。然而，目前机械延压制面则仅设计成向一个方向延压[图 3-7（b）]。

（a）手擀面的擀面方向

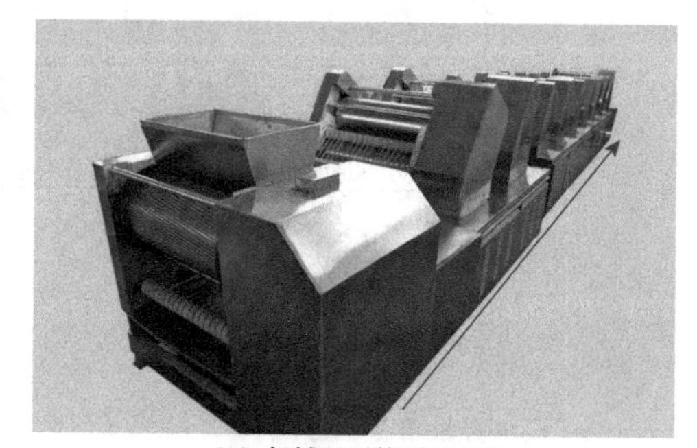

（b）机械延压的压面方向

图 3-7　手擀面与普通机械延压方向上的差异

2. 延压方向对面筋分子取向的影响

为什么不同方向延压不会破坏面筋的网络结构呢？反复向一个方向延压面带，面带断裂的原因是非常复杂的。面带中具有四级结构的面筋蛋白分子，如同具有弹性的弹簧。在面带延压之前，这些蛋白质分子的取向是杂乱的。延压可以改变面带中蛋白质分子的取向，逐渐处于接近相互平行的位相。向单一方向压延的次数越多，蛋白质分子相互平行的整齐度就越高。由于蛋白质分子类似弹簧的结构，因此可以被拉长。但是，蛋白质分子的弹簧结构向一个方向拉伸的距离是有尺度的，当蛋白质分子接近拉直后，形成的纵横交错的蛋白网络结构变成了相互平行的结构。如果再继续拉伸，蛋白质分子的抗拉伸能力减弱，最终被拉断（图 3-8）。

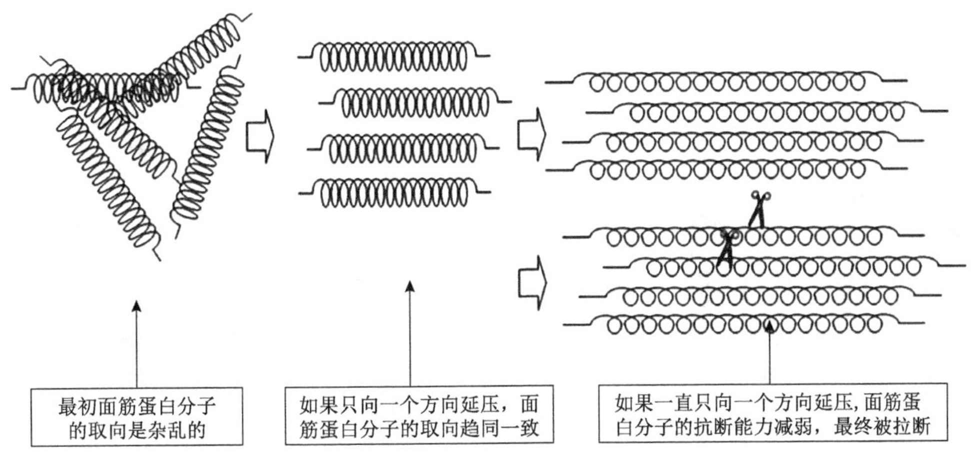

图 3-8　延压改变面带中面筋蛋白分子的取向

手擀面之所以整个面片的抗拉伸力一致，就是由于向不同方向的擀压使得面筋蛋白分子呈辐射网络状均匀分散在整个面片中。对于机械延压来说，通过折叠（折叠后延压的目的是改变延压方向，增强面筋网络结构）和绫织（纵横交错方向）压面，可以实现与手擀面相同的延压效果。

3. 面带折叠和绫织（纵横交错方向）压延对面带面筋强度的影响

对于机械延压来说，如何实现面带的折叠和绫织延压呢?

在机械延压面带时，采用 2～3 层面带复合，面带复合机上的面带输出前端部位左右摆动，使得面带呈折叠状态[图 3-9（a）]。再采取绫织压面工艺，实现纵横交错的不同方向延压。所谓绫织压面，就如同织物的线条编织呈斜纹相反方向[图 3-9（b）]。呈斜纹方向的相互垂直压延有利于机械延压的前行操作方式，更便于实现。

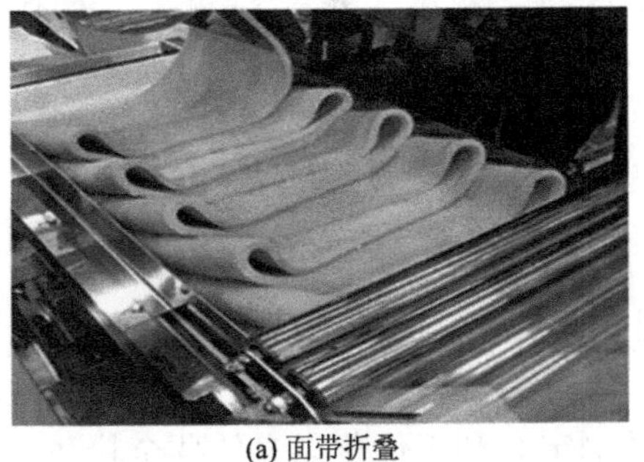
(a) 面带折叠

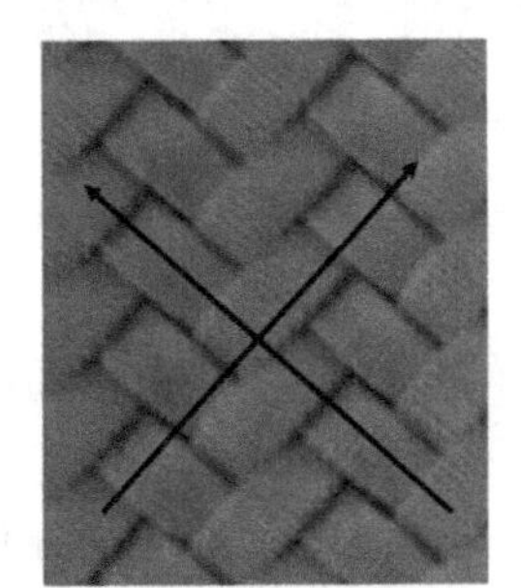
(b) 类似“绫织”的延压方向

图 3-9　面带折叠与绫织延压

马铃薯面带的折叠和绫织延压使得蛋白质分子形成均匀网状结构，淀粉颗粒均匀镶嵌在其中（图 3-10）。图中大的淀粉颗粒为马铃薯淀粉颗粒，小的淀粉颗粒为小麦粉淀粉颗粒。

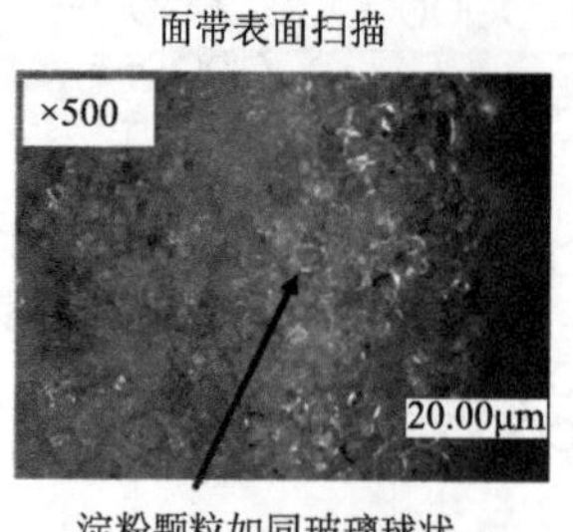

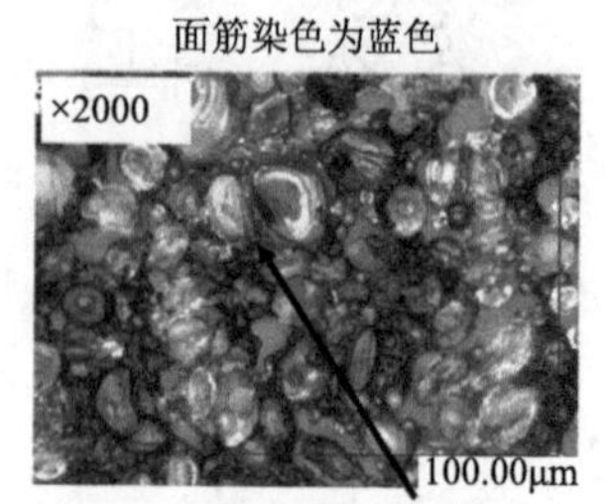

图 3-10　面带的显微观察

3.3　马铃薯全粉对马铃薯面团流变特性的影响

马铃薯以全粉或薯泥的形式与小麦粉混合制作马铃薯面条是最普遍的一种制作方式。但是不含面筋的马铃薯添加后影响面团的流变特性。当以普通的制面方式制作马铃薯面条时，在马铃薯全粉的占比超过 20%时，面带开始破损；当达到 25%时，面带严重破损；当添加量达到 30%时，面带完全破损，不能成型(图 3-11)。

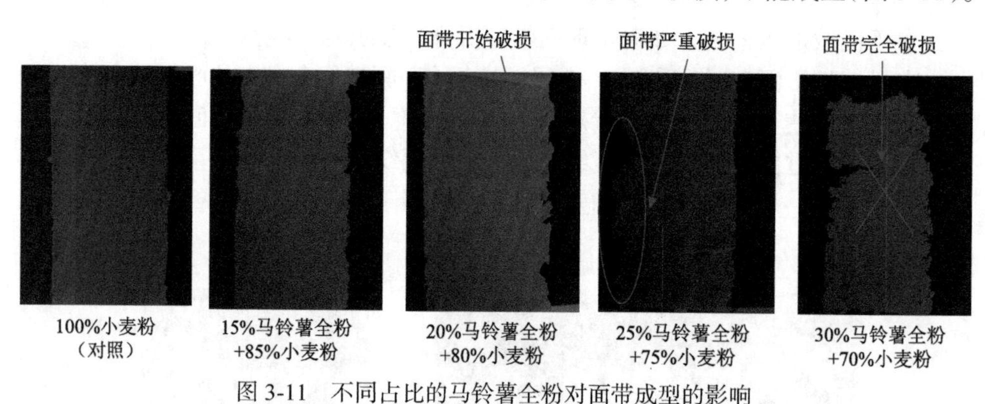

图 3-11　不同占比的马铃薯全粉对面带成型的影响

面团的流变特性是评价面团黏弹性及原料粉加工特性的良好手段。面团的流变特性不仅可以表征其加工特性，也是影响面条制品最终品质的重要因素，因此面团流变测试逐渐成为评价原料粉加工特性的一种必不可少的手段。马铃薯全粉-小麦粉复合面团流变特性的测定有利于优化以马铃薯全粉和小麦粉为主要组分的面条系列产品的配方，并可为面条加工工艺的改善提供理论依据和技术支持。

3.3.1 面团流变特性

1. 面团稳态剪切扫描

不同马铃薯全粉添加量的面团表观黏度随剪切速率的变化曲线如图 3-12 所示。从图中可以看出，所有面团的表观黏度随剪切速率的增加而逐渐降低，表明面团剪切变稀的特性。并随着剪切速率的进一步变大，下降趋势逐渐变缓，曲线趋近平行，接近于 100 Pa · s，表明当剪切速率达到一定程度时，面团的表观黏度逐渐趋于一个稳定的数值。幂律模型（power law model）拟合稳态剪切曲线所得参数如表 3-1 所示。其中，流动性指数（n）可反映样品的假塑性。随着马铃薯全粉添加量的增加，流动性指数呈增加趋势，这表明马铃薯全粉降低了面团的假塑性。有研究表明，苜蓿粉的添加也可降低小麦面团的假塑性。与对照组相比，添加马铃薯全粉使面团初始黏度变大，且随着马铃薯全粉添加量的增加，面团初始黏度增大，表 3-1 中稠度系数（K）也表现出同样的变化趋势。这可能是由于马铃薯全粉中淀粉已完全糊化，淀粉颗粒的胶束结构完全被破坏，此状态下的淀粉吸水后可形成黏性糊状体系，因而随马铃薯全粉添加量的增加，面团黏度增大。

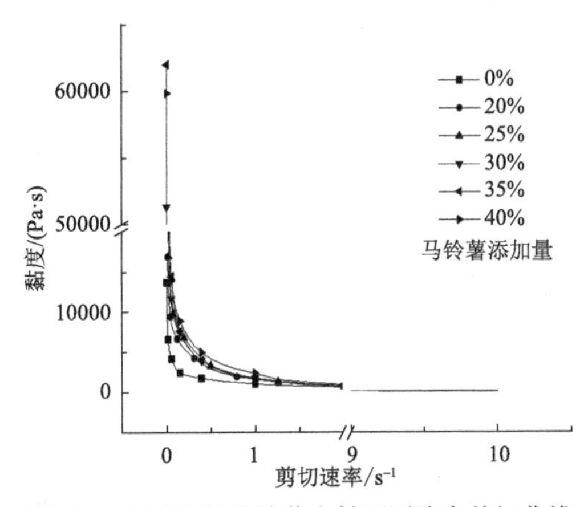

图 3-12　不同比例马铃薯全粉面团稳态剪切曲线

表 3-1　马铃薯全粉添加量对面团稠度系数（K）、流动性指数（n）和决定系数（R^2）的影响

马铃薯全粉添加量/%	K/（Pa · s^n）	n	R^2
0	747.994	0.612	0.99
20	1475.015	0.642	0.987
25	1443.063	0.741	0.99
30	1395.409	0.773	0.994

续表

马铃薯全粉添加量/%	K/（Pa · s^n）	n	R^2
35	1643.798	0.785	0.999
40	1775.522	0.755	0.994

2. 面团频率扫描

小振幅振荡的动态测试是检查面团黏弹性的有效工具。不同马铃薯全粉添加量的面团弹性模量（G'）、黏性模量（G''）及力学损耗因子（$\tan\delta$）随频率的变化曲线如图 3-13 所示。从图中可以看出，弹性模量和黏性模量的变化都取决于振荡频率的改变，这表明面团体系具有典型的黏弹特性。随振荡频率的增加，面团的弹性模量、黏性模量及力学损耗因子逐渐增加，表明面团黏弹性增加并逐渐接近凝胶态。在整个频率扫描的过程中，马铃薯面团的弹性模量均大于黏性模量，这表明所有样品均表现出较大的弹性。力学损耗因子作为黏性模量与弹性模量的比值，它的大小直接表征了物料固体特性或液体特性。从图 3-13（c）中可以看出，随着马铃薯全粉添加量的增加，力学损耗因子逐渐减小，表明面团的弹性占据主导地位。由于马铃薯熟全粉加工中，淀粉发生糊化，破坏了淀粉颗粒的结晶结构，

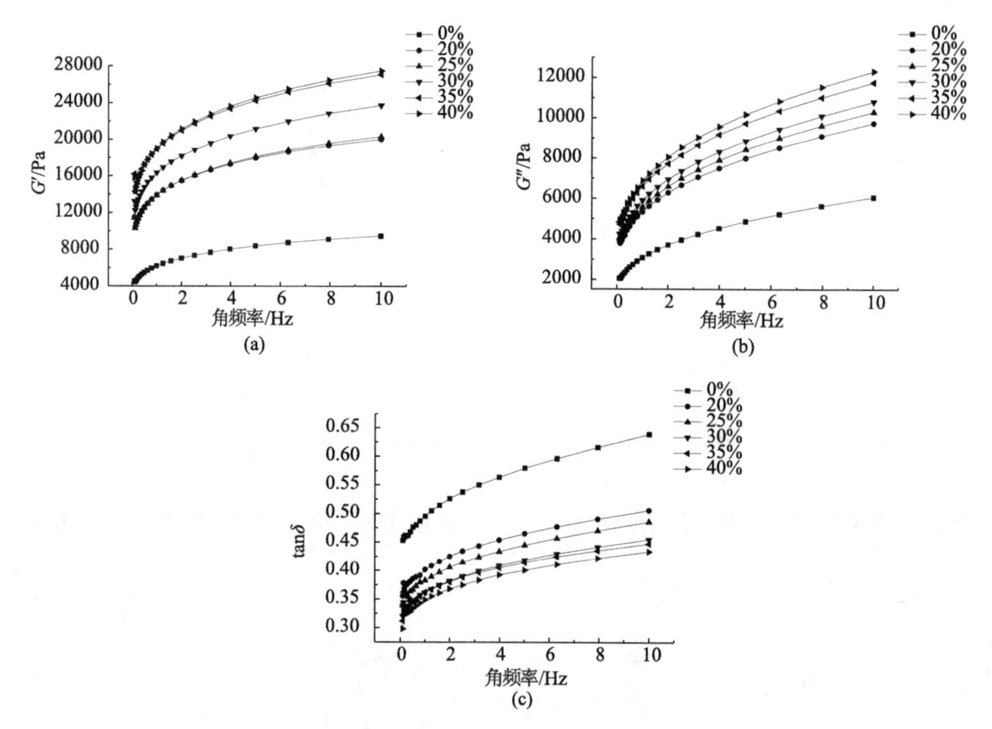

图 3-13　马铃薯全粉不同添加量面团 G'（a）、G''（b）和 $\tan\delta$（c）随角频率的变化曲线

因而面团吸水率增加。这些已糊化淀粉通过水化作用形成糊状，并表现出类似胶体的性质，使面团在振荡作用下弹性增加。

幂律模型拟合频率扫描曲线所得参数如表 3-2 所示。由于对弹性模量和黏性模量曲线拟合的决定系数均大于 0.98，因此该模型对曲线的拟合度良好。随马铃薯全粉添加量的增加，K'值和 K''值呈逐渐增大趋势，表明马铃薯全粉的添加增加了面团的弹性模量和黏性模量。所有样品的 n'值和 n''值均差异不大，表明所有面团样品受频率改变的敏感性十分接近。

表 3-2　马铃薯全粉添加量对面团稠度系数（K'和 K''）、流动性指数（n'和 n''）和决定系数（R^2）的影响

马铃薯全粉添加量/%	K'/（Pa·s^n）	n'	R^2	K''/（Pa·s^n）	n''	R^2
0	6291.637	0.177	0.996	3192.122	0.264	0.989
20	14140.452	0.146	0.985	5544.667	0.228	0.984
25	14123.949	0.152	0.985	5790.929	0.234	0.984
30	16597.286	0.149	0.988	6132.135	0.229	0.984
35	19278.162	0.14	0.978	6838.279	0.22	0.985
40	19343.019	0.146	0.984	7110.141	0.223	0.986

3. 面团蠕变及蠕变回复

面团蠕变是指面团在保持应力不变的条件下，应变随时间延长而增加的现象。蠕变回复是指对面团施加一定负荷使其产生蠕变以后，如将此负荷除去，在蠕变延伸的相反方向上面团的应变随时间而减小的现象。马铃薯面团的蠕变及蠕变回复曲线如图 3-14 所示。由图中可以看出，添加不同比例的马铃薯全粉的面团蠕变

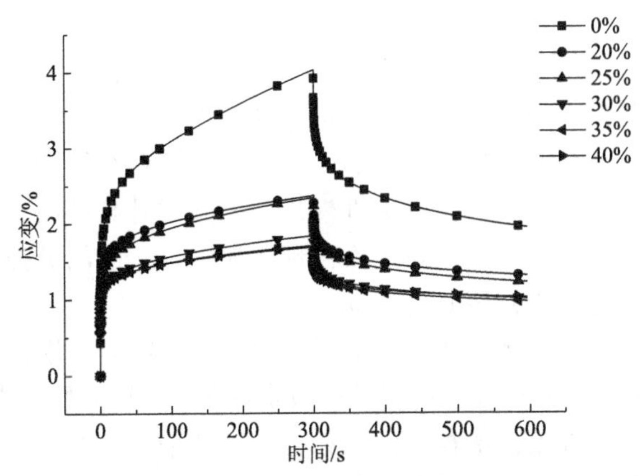

图 3-14　不同马铃薯全粉添加量面团蠕变及蠕变回复特性曲线

特性有明显差异。在 50Pa 恒定应力条件下，面团的应变值逐渐增加，且在除去应力后的蠕变回复阶段，面团的应变值逐渐减小。随着马铃薯全粉添加量的增加，面团最大应变值明显降低。

Burger's 模型拟合蠕变曲线所得参数如表 3-3 所示，瞬时变形模量 E_M、黏滞系数 η_M 和黏弹性变形模量 E_K 均随马铃薯全粉添加量的增加而呈逐渐增大趋势，而延迟时间 τ 则呈现出相反的变化趋势。这表明马铃薯全粉的添加降低了达到某一固定形变所需要的时间。从表 3-3 还可以看出，面团达到平衡阶段（$\tau=\infty$）时的蠕变率（ε'）和回复率（recovery）随马铃薯全粉添加量的增加而呈逐渐降低趋势。这表明马铃薯全粉的添加弱化了面团的面筋网络结构，降低了面团对应力的耐受性。这可能是由于马铃薯全粉中已糊化淀粉结晶度较低，在室温条件下吸水，使面团的黏稠性增加。另外，由于马铃薯全粉中不含面筋蛋白，马铃薯全粉的添加破坏了面筋蛋白网络结构的完整性，降低了面团在应力作用下的形变，且使面团黏滞性增大，蠕变回复率减小。

表 3-3　Burger's 模型拟合面团的蠕变及蠕变回复曲线参数

马铃薯全粉添加量/%	E_M/Pa	E_K/Pa	τ/s	η_M/（Pa · s）	R^2	ε'（∞）/s^{-1}	回复率/%
0	82.707	30.937	1.751	7067.323	0.97	0.007	51.66
20	76.155	53.554	0.799	15086.697	0.933	0.003	44.74
25	85.818	55.602	0.916	13911.656	0.944	0.004	47.67
30	94.609	71.362	0.639	19145.321	0.93	0.003	45.79
35	96.016	74.137	0.43	22235.407	0.916	0.002	43.54
40	95.527	73.828	0.448	23211.741	0.915	0.002	39.51

4. 面团温度扫描

面团的弹性模量、黏性模量及损耗因子随温度的变化而变化。马铃薯面团的温度扫描曲线如图 3-15 所示。面团在 30～110℃下扫描，在升温初始阶段，其黏弹性模量缓慢下降。在这一阶段中，面团中的损伤淀粉在淀粉酶的作用下释放出吸收的水分，降低了面团的弹性和黏性模量。当温度升高到面团糊化温度后，黏弹性模量曲线突然上升，达到顶点后又出现明显回落。面团黏弹性模量的突然增加是由淀粉晶体熔融，颗粒溶胀，流动阻力增大所致。随着温度的升高，面团开始糊化，淀粉颗粒不断溶胀，当直链淀粉脱离淀粉颗粒时，慢慢形成了淀粉糊，且随温度的持续升高，淀粉颗粒仍在继续吸水膨胀。当其体积膨胀到一定限度后，淀粉颗粒便出现破裂现象，颗粒内的淀粉分子向各个方向伸展扩散，溶出颗粒体外，导致面团黏弹性模量显著下降。损耗因子随温度变化的曲线如图 3-15（c）所示。Jekle 等（2016）在研究中通过相关性分析定义了一种利用损耗因子随温度变化曲线来确定初始糊化温度的方法，认为损耗因子-温度扫描曲线的顶点为相变转化点，即初始糊化温度。根据此定义方法，不同添加量的马铃薯全粉面团的糊化温度分别为：71.7℃、79.7℃、80.8℃、82.4℃、84℃和 84.5℃。这表明随马铃薯全粉添加量的增加，面团的糊化温度逐渐提高。这可能是由于马铃薯全粉的添加，面团中已糊化的马铃薯淀粉含量相对增加，且这些已糊化淀粉的强吸水能力导致面团中供小麦淀粉糊化的水分含量相对降低，因而延迟了整个面团的糊化进程。

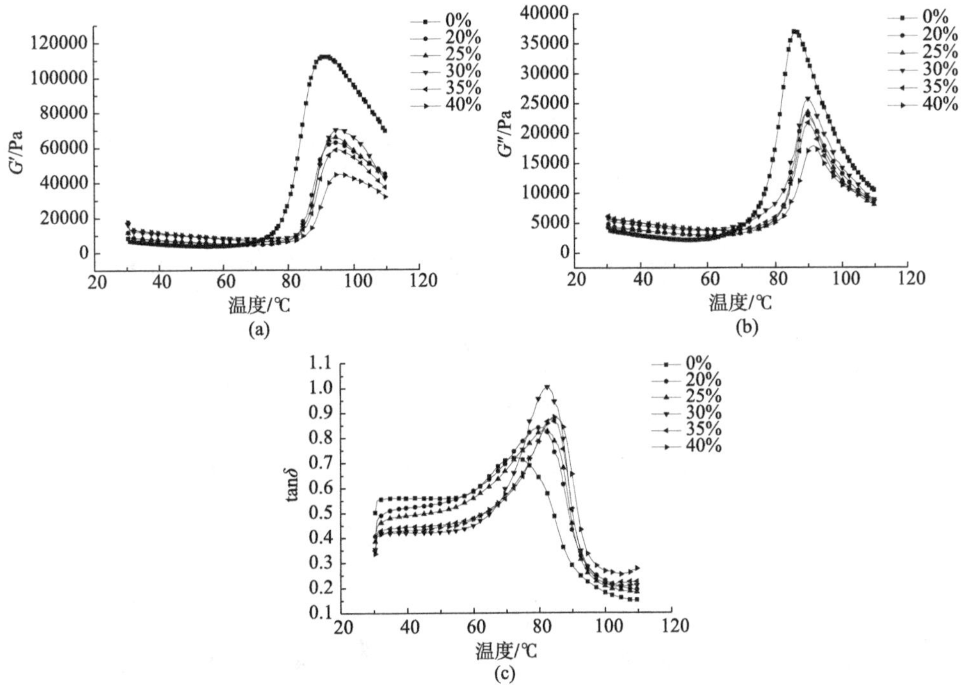

图 3-15　不同比例马铃薯全粉面团的 G'（a）、G''（b）和 tan δ（c）随温度变化的曲线

3.3.2　面团微观结构观察

利用扫描电子显微镜观察添加不同比例的马铃薯全粉对面团微观结构的影响，结果如图 3-16 所示。从图中可以看出，在小麦粉面团中，面筋蛋白通过分子间的相互作用形成三维网状结构的骨架，淀粉颗粒等镶嵌于三维网络结构的空隙中，起到充填面筋网络的作用。与添加马铃薯全粉的面团相比，小麦粉面团网络结构更加完整紧实，形成较为连续的面筋网络结构，且面团内部的空隙极小，小麦淀粉颗粒紧密地嵌入膜状的面筋网络结构中。添加马铃薯全粉后，面团面筋网络结构中的缝隙增多，当全粉的添加量增加到 40%时，可观察到面团中出现明显

的孔状结构。马铃薯全粉的添加降低了面筋蛋白的连续性，使其完整性降低。虽然仍有面筋的膜结构存在，但更多的淀粉颗粒没有被完全包裹，暴露的淀粉颗粒数明显多于小麦粉面团的对照组。这一现象主要是由于马铃薯全粉中不含有面筋蛋白，且含有膳食纤维等降低了面筋网络的完整性，不能完全将淀粉颗粒包裹。此外，马铃薯面团中由于面筋网络的弱化，在外力作用下，面团形变及应变回复率减小，进一步验证了流变测试结果的正确性。

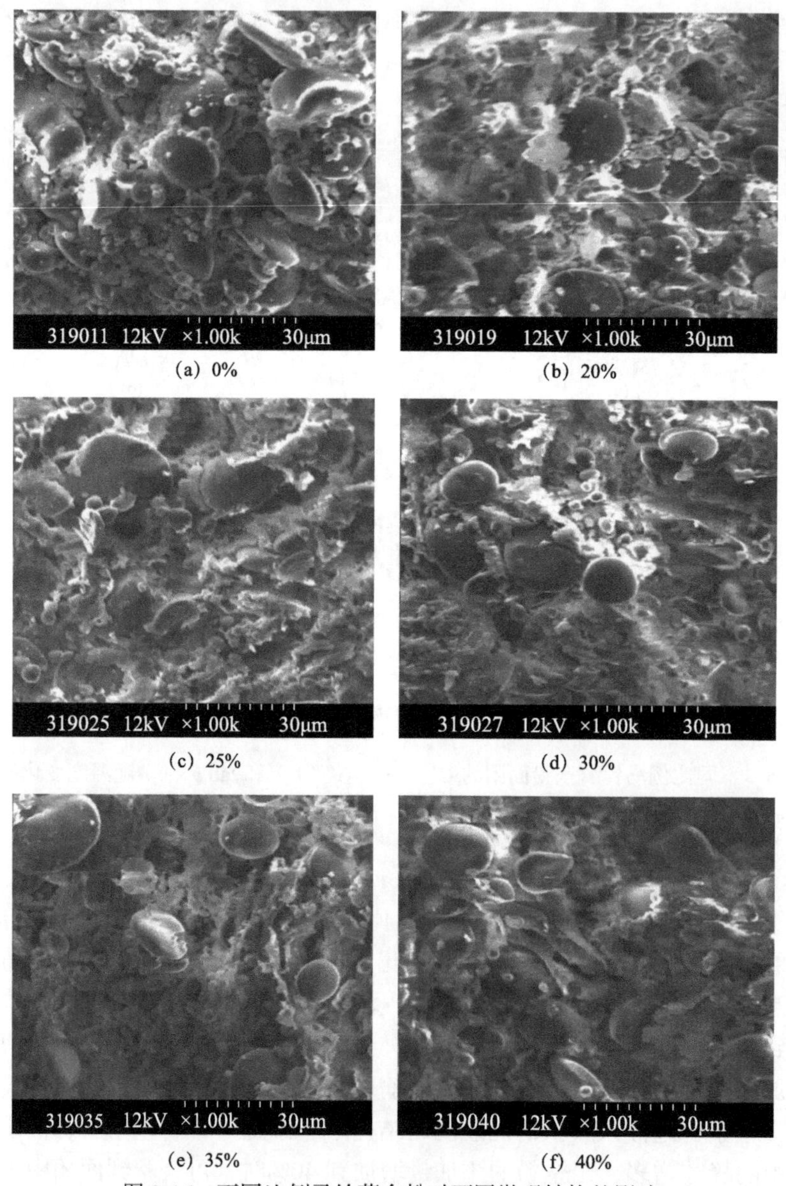

图 3-16 不同比例马铃薯全粉对面团微观结构的影响

上述研究结果表明，马铃薯全粉的添加明显地改变了面团的流变特性和微观结构。稳态剪切测定结果也表明，所有马铃薯面团均表现出剪切变稀的特性，马铃薯全粉的添加提高了面团的表观黏度。进而由频率扫描测定的结果表明，马铃薯全粉的添加提高了面团的弹性模量和黏性模量，降低了损耗因子。幂律模型可以很好地拟合频率扫描曲线。蠕变及蠕变回复实验测定结果也证实了马铃薯全粉的添加降低了面团在应力作用下的形变和应变回复率。与小麦粉面团对照组相比，随着马铃薯全粉添加量的增加，马铃薯面团的糊化温度逐渐增加。扫描电子显微镜观察结果显示了添加马铃薯全粉后面筋网络结构的连续性降低，面团中空隙增多，暴露出更多的淀粉颗粒。由此可见，马铃薯全粉-小麦粉复合面团的加工特性明显不同于小麦粉面团，流变测试的结果将有利于马铃薯面条配方的优化和加工工艺的改善，为研发马铃薯优质面条奠定了理论基础。

3.4　马铃薯淀粉与小麦蛋白质的相互作用

生物大分子的相互作用对食品体系的流变特性、质构特性和结构特性等都有重要影响，因此受到广泛关注。淀粉和蛋白质是食品体系的两大主要大分子组分，由于淀粉和蛋白质具有特殊的凝胶特性，二者在食品品质形成中发挥着重要的作用。在面条制品中，淀粉与面筋蛋白在适量的水分、温度及机械搅拌作用条件下形成稳定的面筋网络结构，其中醇溶蛋白和麦谷蛋白分别赋予面筋黏性和弹性，淀粉颗粒填充在面筋网络中形成稳定面团结构。已有研究将小麦淀粉与面筋蛋白质分离，再重新组合成只含小麦淀粉和蛋白质的模型面团，并利用流变仪测定面团的流变特性。研究结果表明，小麦淀粉并不是一种惰性的填料，而是可与面筋蛋白发生相互作用，从而改变面团系统的黏弹性的填料。马铃薯淀粉（PS）作为马铃薯的主要成分之一，将马铃薯淀粉分离后，与小麦蛋白粉（WG）以不同的比例混合，研究二者在制面工艺条件下及蒸煮过程中的相互作用，对于马铃薯面条配方的优化、加工工艺的改善以及食用品质的改良具有重要意义。

3.4.1　马铃薯淀粉与小麦蛋白质复合糊的黏度特性

马铃薯淀粉与小麦蛋白质复合糊在加热条件下的黏度曲线如图 3-17 所示。随着马铃薯淀粉添加量的增加，与小麦蛋白质复合糊的黏度明显升高，而复合糊的最大黏度（曲线顶点）随着小麦蛋白粉含量的增加而逐渐减小（图 3-17）。

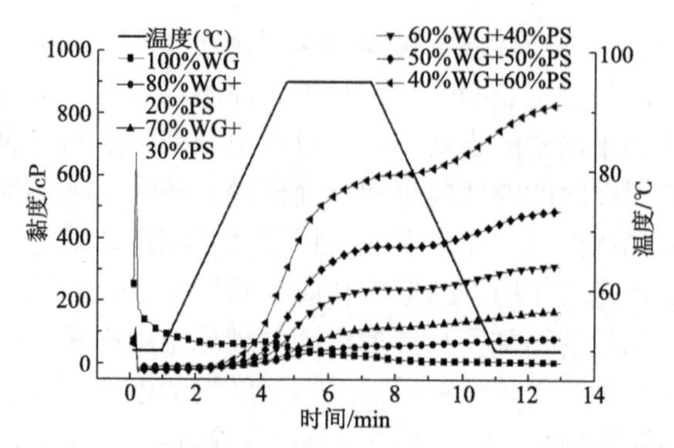

图 3-17　马铃薯淀粉-小麦蛋白质复合糊的黏度特性曲线

从黏度曲线得到的复合物直观数据如表 3-4 所示。从表中可以看出，蛋白质-淀粉复合糊的最大黏度、谷值黏度、崩解黏度、最终黏度及回生值均随马铃薯淀粉添加量的增加而增大，即小麦蛋白质对复合糊的黏度具有减弱作用，而淀粉对复合糊的黏度具有一定的加强作用。诸多研究均表明，小麦蛋白质对淀粉-蛋白质复合物黏度具有显著的减弱作用。由于淀粉-蛋白质复合糊的最终黏度主要由直链淀粉分子聚集所致，小麦蛋白质减弱淀粉糊黏度的变化趋势也表明了淀粉-蛋白质复合糊的稳定性和凝胶硬度的下降。

表 3-4　马铃薯淀粉、小麦蛋白质及淀粉-蛋白质复合糊的黏度特性参数

比例	最大黏度/cP	谷值黏度/cP	崩解黏度/cP	最终黏度/cP	回生值/cP	出峰时间/min	糊化温度/℃
100%WG	209.50±150.61^{c}	9.50±0.71^{d}	200.00±151.32^{b}	12.50±4.95^{f}	3.00±5.66^{e}	1.07±0.00^{c}	—
80%WG+20%PS	52.50±9.19^{c}	45.00±7.07^{d}	7.50±2.12^{c}	76.50±10.61^{f}	31.50±3.54^{de}	6.97±0.05^{a}	—
70%WG+30%PS	120.50±7.78^{c}	99.00±8.49^{d}	21.50±0.71^{bc}	176.50±4.95^{e}	77.50±3.54^{cde}	7.00±0.00^{a}	—
60%WG+40%PS	227.00±12.73^{c}	198.50±12.02^{cd}	28.50±0.71^{bc}	304.50±17.68^{d}	106.00±5.66^{cd}	7.00±0.00^{a}	—
50%WG+50%PS	373.00±2.83^{b}	331.50±9.19^{c}	41.50±6.36^{bc}	494.00±1.41^{c}	162.50±7.78^{c}	7.00±0.00^{a}	—
40%WG+60%PS	592.00±7.07^{b}	538.50±7.78^{b}	53.50±0.71^{bc}	839.50±6.36^{b}	301.00±1.41^{b}	7.00±0.00^{a}	87.65±0.07^{a}
100%PS	5168.00±335.17^{a}	3578.50±208.60^{a}	1589.50±126.57^{a}	4057.50±102.53^{a}	479.00±106.07^{a}	5.60±0.00^{b}	66.75±0.07^{b}

注：a、b、c、d 代表不同配比马铃薯淀粉-小麦蛋白质复合糊黏度参数间的显著性差异（p<0.05）。1cP=10^{-3}Pa ·s。

崩解黏度是峰值黏度与谷值黏度的差值，可反映淀粉的崩解程度。研究结果显示，小麦蛋白质及淀粉-蛋白质复合糊的崩解黏度显著低于淀粉，这可能是因为小麦蛋白质明显地掩蔽了膨胀后淀粉颗粒的崩解。回生值反映的是淀粉糊在冷却过程的老化程度，它主要是由淀粉的再结晶引起的，但蛋白质的存在也会影响淀粉回生值的大小。随着小麦蛋白质添加量的增加，复合糊回生值显著下降。由表 3-4 还可以看出，马铃薯淀粉的糊化温度为 66.75℃，而添加 60%的马铃薯淀粉后复合糊的糊化温度则升高到 87.65℃，表明小麦蛋白质显著提高了复合糊的糊化温度。在扁豆淀粉-扁豆蛋白质和小麦淀粉-小麦蛋白质复合物中也观察到同样的现象，即蛋白质的存在会提高淀粉-蛋白质复合物的糊化温度。这一现象主要是由于蛋白质具有很强的吸水能力，且蛋白质的吸水作用使淀粉可获得的水分减少，从而干扰了淀粉的凝胶过程，使马铃薯淀粉-小麦蛋白质复合糊的糊化温度高于马铃薯淀粉。此外，表 3-4 中马铃薯淀粉添加量低于 60%的样品组其糊化温度数据缺失，这是由于黏度仪主要适用于测定纯淀粉样品或淀粉含量高的样品，当蛋白质含量过高时，仪器本身的局限性使其不能检测出样品的糊化温度。

3.4.2　马铃薯淀粉与小麦蛋白质复合物的热力学特性

热力学特性可进一步表明马铃薯淀粉-小麦蛋白质复合物的糊化特性。表 3-5 的差示扫描量热热力学数据表明，马铃薯淀粉-小麦蛋白质复合物的相转变峰均在 50～65℃之间，通过积分得到不同样品的相变温度及焓变。马铃薯淀粉和小麦蛋白粉在 50℃时混合，不足以使小麦蛋白质变性和马铃薯淀粉糊化。随着温度的逐渐升高，马铃薯淀粉遇水后吸水膨胀，马铃薯淀粉分子开始剧烈振动，分子间的氢键被打破，然后淀粉结晶区消失。在这个过程中，伴随着能量的改变，淀粉分子的状态也发生了改变。随马铃薯淀粉质量分数的升高，初始相变温度 T_0 和峰值温度 T_p 均减小，而焓变（相转变热）ΔH 增大，这说明未糊化的淀粉-蛋白质体系在温度由 25℃升高至 100℃过程中有热力学转变，小麦蛋白质的存在会使淀粉颗粒的相转变峰向高温移动且相转变热降低。这一现象可能是由马铃薯淀粉在一定程度上的重新组合及热处理过程中淀粉分子和面筋蛋白之间的相互作用所致。蛋白质的吸水作用使淀粉可接触的水分减少，对淀粉的糊化作用产生干扰，改变了复合物热变性过程，从而使淀粉的糊化温度升高，ΔH 减小。

表 3-5　马铃薯淀粉、小麦蛋白粉和淀粉-小麦蛋白质复合物的差示扫描量热参数

比例	T_0 /℃	T_p /℃	ΔH /（J/g）	ΔT/℃
100% WG	57.43±3.23[a]	63.59±0.76[a]	0.26±0.26[d]	5.97±3.34[a]
80%WG+20%PS	54.82±1.21[ab]	59.20±0.34[b]	2.50±0.36[cd]	7.28±0.49[a]
70%WG+30%PS	54.4±0.01[ab]	59.11±0.04[b]	2.63±0.26[cd]	6.22±0.49[a]
60%WG+40%PS	54.06±0.04[b]	58.88±0.02[b]	3.92±0.01[bc]	6.43±0.17[a]
50%WG+50%PS	53.63±0.00[b]	58.43±0.06[bc]	4.58±0.08[bc]	6.23±0.05[a]
40%WG+60%PS	53.41±0.14[b]	58.07±0.11[c]	6.01±0.62[b]	6.05±0.18[a]

注：a、b、c、d 代表不同配比马铃薯淀粉-小麦蛋白质复合物快速黏度分析仪（rapid visco analyzer，RVA）参数间的显著性差异（p<0.05）。

相关研究表明，淀粉和蛋白质在热加工过程中主要有以下两种相互作用的方式：一是聚合物（淀粉和蛋白质）在结构变化时发生竞争性吸水作用；二是面筋蛋白在淀粉颗粒表面形成扩散阻挡层，使进入淀粉颗粒内部的水分发生变化。这两种作用都改变了淀粉颗粒在加热过程中的吸水溶胀，从而改变面团糊化特性。Jekle 等（2016）的研究结果还表明，小麦蛋白质的存在可以改变淀粉颗粒之间的相互作用，从而改变淀粉的凝胶强度。不仅是小麦蛋白质，在玉米淀粉-大豆浓缩蛋白复合物中也观察到类似的现象，随着大豆蛋白添加量增加，两者复合物的 T_0 和 T_p 升高，但 ΔH 下降。

3.4.3 马铃薯淀粉与小麦蛋白质复合物的热机械特性

利用 Mixolab 混合实验仪测定马铃薯淀粉、小麦蛋白粉及两者复合物的热机械特性。原料粉加水揉合形成面团后，面团在恒温、升温及降温过程中，测定搅拌刀片（在恒定的转速下）所受到的扭矩随搅拌时间所发生的变化。

据唐晓锴和于卉（2012）报道，混合实验仪力矩曲线表达了原料粉从“生”到“熟”的热机械特性的大量综合信息，包括原料粉的揉混特性、面团中酶对面团特性的影响、面团升温时的特性及面条熟化时的特性等，反映出淀粉、蛋白质和酶对面团特性的综合影响以及它们之间的相互作用。实验结束后可以获得 Mixolab 典型曲线（图 3-18），其中稠度最大值 C_1 可以表征面团的吸水率；稠度最小值 C_2 表征在机械力和特定温度下，蛋白质的弱化度；峰值黏度 C_3 表征面团中淀粉的老化特性；保持黏度 C_4 表征淀粉凝胶的稳定性；回生终点黏度 C_5 表征冷却过程中淀粉凝胶的回生特性；α 表征 30℃结束时与 C_2 之间的曲线斜率，用于显示热作用下蛋白质网络的弱化速度；β 表征 C_2 与 C_3 之间的曲线斜率，显示淀粉糊化速度；γ 表征 C_3 与 C_4 之间的曲线斜率，显示酶解速度。

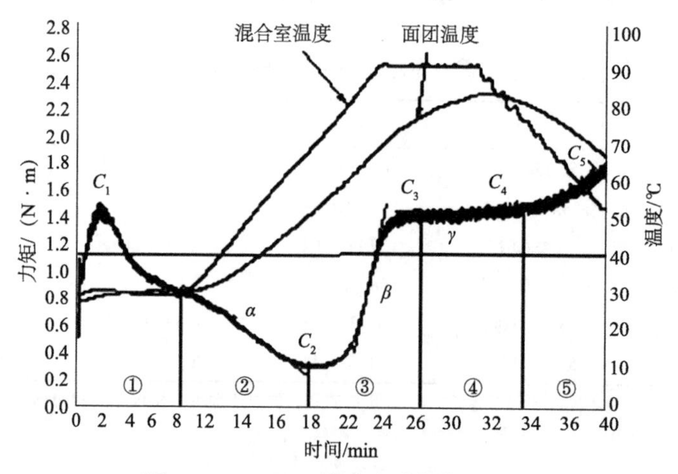

图 3-18 Mixolab 混合实验仪典型曲线

如图 3-19 和表 3-6 所示，随小麦蛋白质添加量的增加，复合物的吸水率显著提高，其结果进一步验证了相对于马铃薯淀粉，小麦蛋白质具有更高的吸水率。而随着淀粉添加量的增加，面团的峰值黏度、保持黏度和回生终点黏度均呈升高趋势，表明马铃薯淀粉对面团的黏度做出了主要贡献。且随着复合物中马铃薯淀粉含量的进一步提高，小麦蛋白质含量相对降低，面团中蛋白质的弱化降低，表明马铃薯淀粉的添加有效地抑制了小麦蛋白质在升温阶段的弱化。该结果与差示扫描量热及黏度测定的结果一致。小麦蛋白质的糊化温度测定结果为 58.8℃，而马铃薯淀粉的糊化温度为 51.6℃，且随着小麦蛋白质含量的增加，复合物的糊化温度呈逐渐升高趋势。这种现象是由于蛋白质的强吸水作用使淀粉可接触的水分减少，对淀粉的糊化作用产生干扰，从而使淀粉的糊化温度升高。混合分析仪测定面团糊化温度的值与黏度测定结果并不完全一样，这主要是由两种测试方法本身的差异性所致。

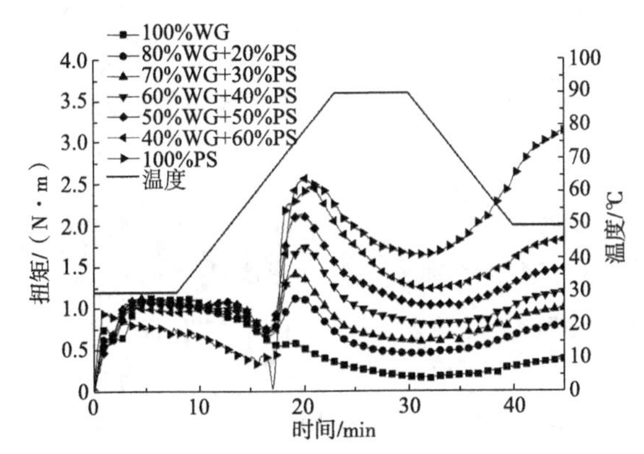

图 3-19　马铃薯淀粉、小麦蛋白粉和淀粉-蛋白质复合物热机械特性曲线

表 3-6　马铃薯淀粉、小麦蛋白粉和淀粉-蛋白质复合物热机械特性参数

项目	100% WG	80%WG +20% PS	70%WG +30% PS	60%WG +40% PS	50%WG +50% PS	40%WG +60% PS	100% PS
吸水率/%	109.1	93.2	86.3	80.1	74.2	70.0	65.0
稠度最大值 C_1/（N·m）	1.14	1.10	1.13	1.11	1.11	1.09	0.16
稠度最小值 C_2/（N·m）	0.55	0.74	0.75	0.73	0.72	0.68	0
峰值黏度 C_3/（N·m）	0.60	1.14	1.43	1.76	2.14	2.57	4.12
保持黏度 C_4/（N·m）	0.17	0.45	0.57	0.81	1.03	1.23	2.72
回生终点黏度 C_5/（N·m）	0.39	0.80	0.99	1.19	1.48	1.82	5.22
弱化值（C_1–C_2）/（N·m）	0.59	0.36	0.38	0.38	0.39	0.41	0.16
黏度崩解值（C_3–C_4）/（N·m）	0.43	0.69	0.86	0.95	1.11	1.34	1.40
回生值（C_5–C_4）/（N·m）	0.22	0.35	0.42	0.38	0.45	0.59	2.50
糊化温度/℃	58.8	54.6	55.1	53.4	52.4	51.6	51.6

3.4.4 马铃薯淀粉与小麦蛋白质复合物面团的微观结构

首先，利用扫描电子显微镜（SEM）分别观察马铃薯淀粉和小麦蛋白粉颗粒的微观结构[图 3-20（a）、（b）]。从图中可以看出，马铃薯淀粉颗粒呈椭圆状，表面光滑，除淀粉颗粒外，几乎不存在其他物质；小麦蛋白粉的蛋白质凝结成块，几乎观察不到淀粉颗粒的存在。其他学者对马铃薯淀粉微观结构的观察结果也与此类似。Alvani 等（2011）的研究表明马铃薯淀粉具有较宽的粒径，范围从 5μm 到 100μm 不等，平均粒径为 23～30μm。

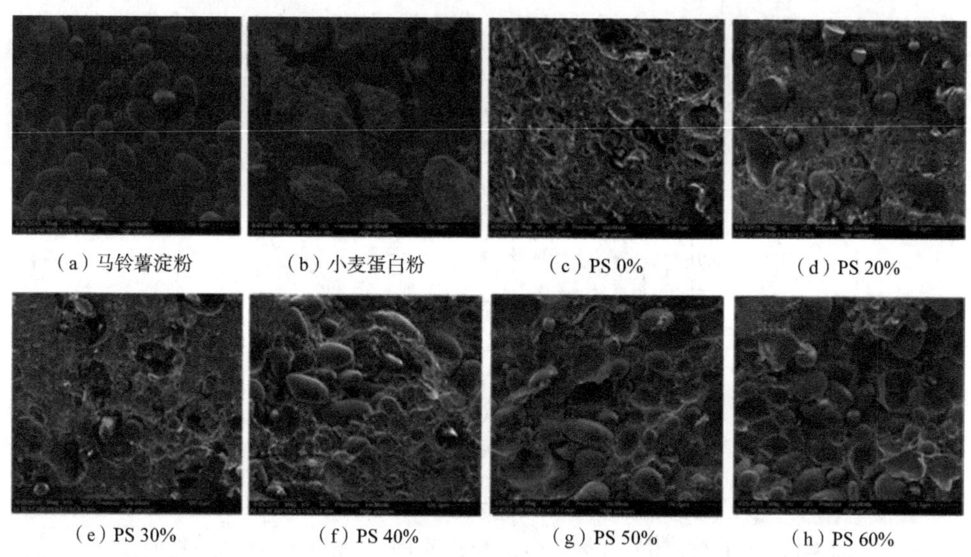

（a）马铃薯淀粉　（b）小麦蛋白粉　（c）PS 0%　（d）PS 20%

（e）PS 30%　（f）PS 40%　（g）PS 50%　（h）PS 60%

图 3-20　马铃薯淀粉、小麦蛋白粉及不同比例混合复合面团微观结构（放大倍数：500 倍）

利用扫描电子显微镜观察马铃薯淀粉与小麦蛋白质复合面团的微观结构，其结果如图 3-20（c）～（h）所示。从图中可以看出，面团中小麦蛋白质通过分子间的相互作用形成三维网状结构的骨架，而马铃薯淀粉颗粒穿插于三维网络结构的空隙中，起到充填面筋网络的作用。添加不同比例马铃薯淀粉的面团微观结构存在显著差异，100%小麦蛋白面团面筋网络较为完全，面筋蛋白形成膜状结构。随着复合面团中马铃薯淀粉添加量的增加，复合面团暴露出更多的淀粉颗粒，对面筋网络起到了稀释作用，破坏了面筋网络的完整性。有研究表明，面筋蛋白在淀粉颗粒表面形成吸水屏障，面筋蛋白的强吸水作用减少了进入淀粉颗粒内部的水分，延迟了淀粉的糊化进程。扫描电子显微镜的观察结果证实了面筋蛋白包裹在马铃薯淀粉颗粒表面形成的屏障效应，且随蛋白质含量的增加，暴露出的淀粉颗粒越少，这种屏障效应越明显。也进一步解释了差示扫描量热和黏度测定中随小麦面筋蛋白含量增加，面团糊化温度提高的原因。因此，在马铃薯-小麦粉面条中增加谷朊粉，可减少面条的蒸煮损失率，同时耐煮性提高。

综上所述，不同添加比例的马铃薯淀粉-小麦蛋白质复合物的黏度特性、热力学特性、热机械性能及微观结构均有很大区别。黏度测定结果表明随马铃薯淀粉添加量的增加，复合物黏度增大。由差示扫描量热测定结果可看出，马铃薯淀粉与小麦蛋白质间的相互作用改变了复合物的热力学特性，小麦蛋白质的存在会使淀粉颗粒的相转变峰向高温移动且相转变热降低。通过混合实验仪测定发现，随着复合物中淀粉添加量的增加，面团吸水率降低，即相比于马铃薯淀粉，小麦蛋白质具有更强的吸水能力。黏度特性、热力学特性和热机械特性数据均表明随小麦蛋白质添加量的增加，复合物的糊化温度显著升高。小麦蛋白质与马铃薯淀粉的竞争吸水作用及小麦蛋白质在淀粉表面形成的屏障效应，是复合物糊化温度升高的两个主要原因。糊化温度的升高可提升马铃薯面条的蒸煮品质。复合面团的微观结构表明，马铃薯淀粉的添加对面筋网络有稀释作用，破坏了面筋网络的完整性。且小麦蛋白质包裹在马铃薯淀粉颗粒表面形成吸水屏障，小麦蛋白质含量越高，暴露出的淀粉颗粒越少，面条越筋道，蒸煮损失率也越低。马铃薯淀粉和小麦蛋白质相互作用的研究结果有助于更好地了解马铃薯淀粉-小麦蛋白质复合体系的混合、凝胶和糊化特性。为改善马铃薯面条的食用品质，乃至探究马铃薯淀粉与小麦蛋白质复合面团中的水分分布和迁移规律、复合面团的黏弹性和质构特性等十分有益。

3.5　不同品种马铃薯全粉对马铃薯面条品质的影响

马铃薯的品种繁多，不同品种的马铃薯营养成分及物理化学特性各异。不同品种的马铃薯全粉与小麦粉混合加工而成的面条中，由于马铃薯蛋白质及淀粉等成分的组成及特性不同，对面条食用品质及营养品质的影响也各不相同。通过比较‘大西洋’、‘中薯 5 号’、‘夏波蒂’、‘青薯 9 号’、‘费乌瑞它’、‘中薯 18 号’、‘中薯 19 号’、‘克新 1 号’及‘948A’等不同的马铃薯品种，对其基本成分、营养成分及感官品质进行对比分析，并加工成马铃薯全粉，继而研究添加不同品种马铃薯全粉对面条产品质构特性及感官品质的影响，筛选出适宜加工面条的马铃薯专用品种。9 个不同品种的马铃薯全粉中水分、淀粉、蛋白质、灰分及粗脂肪的含量如表 3-7 所示。

表 3-7　不同品种马铃薯全粉中基本营养成分含量（%）

品种	水分	淀粉	蛋白质	灰分	粗脂肪
‘大西洋’	8.26	73.14	7.73	3.71	0.34
‘中薯 5 号’	7.33	68.11	8.94	4.45	0.45
‘夏波蒂’	8.16	66.65	9.33	4.80	0.00
‘青薯 9 号’	7.26	70.31	7.68	4.84	0.67

续表

品种	水分	淀粉	蛋白质	灰分	粗脂肪
‘费乌瑞它’	6.95	69.64	8.47	4.48	0.99
‘中薯 18 号’	5.70	70.29	8.19	4.51	0.31
‘中薯 19 号’	5.53	70.26	7.81	4.51	0.39
‘克新 1 号’	6.18	69.93	9.95	5.03	0.31
‘948A’	5.55	67.97	10.04	4.95	0.79

3.5.1 不同品种马铃薯全粉对面条色泽的影响

色泽是消费者对面条的第一感观印象，直接影响人们对面条食品品质优劣的判断。利用色差计测定小麦粉面条及添加不同品种马铃薯全粉的面条色泽（表 3-8）。

表 3-8 不同品种马铃薯全粉对面条色泽的影响

品种	*L* 值	*a* 值	*b* 值
小麦粉（对照组）	93.18 ± 0.20^{a}	1.21 ± 0.02^{f}	9.18 ± 0.13^{h}
‘大西洋’	92.67 ± 0.38^{b}	0.99 ± 0.02^{g}	11.55 ± 0.22^{g}
‘中薯 5 号’	87.54 ± 0.23^{g}	2.63 ± 0.08^{a}	18.20 ± 0.50^{a}
‘夏波蒂’	91.54 ± 0.23^{c}	1.31 ± 0.02^{e}	12.86 ± 0.30^{f}
‘青薯 9 号’	89.86 ± 0.23^{e}	1.49 ± 0.02^{d}	14.05 ± 0.20^{d}
‘费乌瑞它’	88.84 ± 0.30^{f}	2.20 ± 0.10^{b}	16.26 ± 0.27^{b}
‘中薯 18 号’	90.01 ± 0.38^{e}	1.43 ± 0.04^{d}	13.57 ± 0.34^{e}
‘中薯 19 号’	90.63 ± 0.21^{d}	1.82 ± 0.04^{c}	14.10 ± 0.17^{d}
‘克新 1 号’	88.64 ± 0.51^{f}	1.82 ± 0.11^{c}	15.56 ± 0.70^{c}
‘948A’	90.69 ± 0.31^{d}	1.02 ± 0.02^{g}	13.84 ± 0.26^{de}

注：a、b、c、d 等代表添加不同品种马铃薯全粉面条之间的显著性差异（$p<0.05$）。

结果表明，所有品种的马铃薯面条 *L* 值（亮度值）均小于小麦粉面条，颜色较深。‘大西洋’及‘夏波蒂’马铃薯面条亮度值更接近于小麦粉面条，这是由于这两个品种的马铃薯为白色薯肉，而黄色薯肉的‘中薯 5 号’马铃薯面条 *L* 值最低，颜色最暗，其次为‘费乌瑞它’和‘克新 1 号’。马铃薯全粉的添加使面条 *a* 值总体呈现增加趋势，且‘中薯 5 号’马铃薯面条的 *a* 值和 *b* 值最大，其次为‘费乌瑞它’。这表明，相较于小麦粉面条，马铃薯全粉面条的色泽偏红黄，尤其是添加‘中薯 5 号’和‘费乌瑞它’的马铃薯面条。综合考虑添加不同品种马铃薯全粉面条的 L 值、a 值及 b 值，‘中薯 5 号’及‘费乌瑞它’马铃薯面条的色泽最深，‘大西洋’和‘夏波蒂’马铃薯面条颜色偏白，与小麦粉面条的色泽最为接近。马铃薯全粉的添加使面条颜色变暗，推断主要是马铃薯在加工过程中，多酚氧化酶与其中的酚类物质发生酶促褐变所致。添加不同马铃薯品种全粉的面条色泽同样存在差异，究其原因，除了不同品种的马铃薯薯肉本身的颜色存在差异之外，也可能是不同品种的马铃薯中多酚氧化酶含量及抗氧化活性不同，使其发生色泽变化的程度不同。

3.5.2　不同品种马铃薯全粉对面条蒸煮特性的影响

蒸煮损失率是评价面条蒸煮特性的一个重要指标，蒸煮损失率越大，面汤越浑浊，面条食用品质越差。利用紫外分光光度计在 675nm 下测定添加不同品种马铃薯全粉干面条在煮后面汤的浊度，以示蒸煮损失的程度。测定结果表明，马铃薯全粉面条的面汤浊度显著大于小麦粉面条，且‘中薯 5 号’马铃薯面条面汤浊度最大，其次为‘青薯 9 号’。‘夏波蒂’、‘中薯 19 号’马铃薯面条面汤浊度显著低于其他品种的马铃薯全粉面条，与小麦粉面条最为接近（图 3-21）。

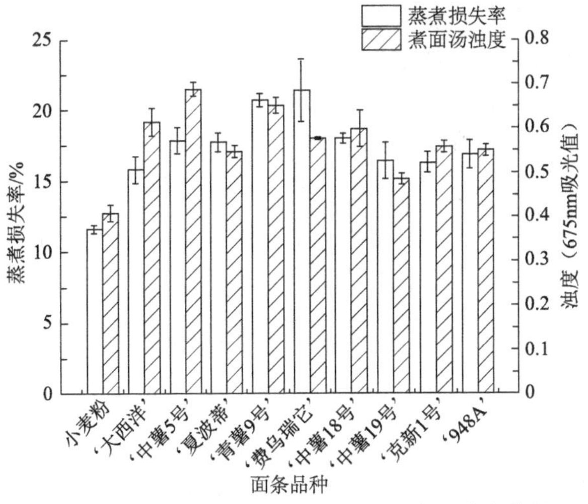

图 3-21　添加不同品种马铃薯全粉面条的蒸煮特性

有研究表明，面条的蒸煮损失率与湿面筋含量呈显著负相关。制面过程中小麦面筋蛋白发生相互作用，形成面筋网络结构，可束缚住面筋网络空隙中的淀粉颗粒，从而减少淀粉溶出，降低蒸煮损失率，提高面条食用品质。蒸煮损失率测定结果表明，所有 9 个品种的马铃薯全粉干面条的蒸煮损失率均显著大于小麦粉面条，即马铃薯全粉的添加增加了面条的蒸煮损失率。其中，‘费乌瑞它’马铃薯面条蒸煮损失率最大，‘大西洋’、‘中薯 19 号’及‘克新 1 号’马铃薯面条蒸煮损失率相对较小。

3.5.3 不同品种马铃薯全粉对面条拉伸特性的影响

面条的拉伸阻力是指受外力拉伸时所克服的阻力，通常以面条被拉断时的最大拉伸阻力表示。面条的拉伸阻力越大，表明面条的筋力越强，抗拉伸性能越好，面条弹性越好。一般来说，面筋含量越高，制作的面条抗拉伸性能越好。

马铃薯面条样品煮后拉伸特性测试结果如表 3-9 所示。结果表明，小麦粉面条的拉伸距离与拉伸面积均显著大于马铃薯全粉面条，抗拉伸特性较好。‘中薯19 号’马铃薯面条的拉伸阻力与小麦粉面条的拉伸阻力之间无显著差异，且拉伸距离与拉伸面积最大，最接近于小麦粉面条，拉伸特性显著优于其他品种的马铃薯面条。此外，‘中薯 18 号’、‘克新 1 号’、‘948A’、‘大西洋’与‘夏波蒂’马铃薯面条的拉伸阻力、拉伸距离及拉伸面积差异不显著，均具有较好的拉伸特性。‘中薯 5 号’、‘青薯 9 号’及‘费乌瑞它’马铃薯面条的拉伸阻力、拉伸距离及拉伸面积均显著低于其他品种的马铃薯面条，拉伸特性较差，筋力较弱。小麦粉面条的拉伸特性显著优于马铃薯全粉面条，主要是由于未添加马铃薯全粉的小麦粉中面筋蛋白含量相对较高，形成的面筋网络更为完整。马铃薯全粉中由于不含面筋蛋白，全粉的添加对面筋网络起到了破坏作用，造成马铃薯全粉面条的拉伸特性较小麦粉面条差。添加不同品种马铃薯全粉面条拉伸特性的不同主要取决于全粉本身的特性。不同品种的马铃薯全粉中蛋白质及氨基酸组成、淀粉含量与种类都是影响复合面团体系中面筋网络形成的重要因素。

表 3-9 不同品种马铃薯全粉对面条拉伸特性的影响

面条种类	拉伸阻力/g	拉伸距离/mm	拉伸面积/mJ
小麦粉面条	$37.67±8.04^{a}$	$58.74±10.19^{a}$	$16.45±4.28^{a}$
‘大西洋’面条	$26.29±3.09^{c}$	$19.25±4.62^{cde}$	$3.06±1.10^{cde}$
‘中薯 5 号’面条	$14.83±2.48^{d}$	$13.57±3.36^{e}$	$1.27±0.41^{e}$
‘夏波蒂’面条	$24.67±2.73^{c}$	$21.16±4.14^{cde}$	$3.23±0.60^{cde}$
‘青薯 9 号’面条	$14.56±2.79^{d}$	$14.11±4.80^{e}$	$1.26±0.67^{e}$
‘费乌瑞它’面条	$18.17±3.54^{e}$	$17.22±8.74^{de}$	$2.10±1.43^{de}$
‘中薯 18 号’面条	$28.33±4.55^{bc}$	$26.18±3.86^{c}$	$4.63±1.50^{c}$
‘中薯 19 号’面条	$37.71±6.40^{a}$	$29.62±8.13^{b}$	$8.09±2.33^{b}$
‘克新 1 号’面条	$26.43±7.23^{c}$	$22.87±8.97^{cd}$	$3.86±2.19^{cd}$
‘948A’面条	$32.67±3.44^{ab}$	$21.37±4.66^{c}$	$4.52±1.26^{c}$

注：a、b、c、d 等代表不同品种马铃薯面条之间的显著性差异（$p<0.05$）。

3.5.4　不同品种马铃薯全粉对面条质构特性的影响

质构剖面分析（texture profile analysis，TPA）是评价面条质构品质有效手段之一。有研究表明，TPA 测试各项参数与感官评价之间存在显著的相关性。TPA 测试在一定程度上可替代感官评价，更加客观地对面条进行质构品质的评价。采用质构仪分析添加不同品种马铃薯全粉对面条的硬度、弹性、黏性、胶着性、咀嚼性及回复性的影响。表 3-10 的数据表明，添加不同品种马铃薯全粉干面条的硬度、胶着性、咀嚼性有显著不同。所有 9 个测试品种的马铃薯全粉面条硬度值及胶着性均显著低于小麦粉面条，表明马铃薯全粉的添加降低了面条的硬度值和胶着性。‘大西洋’、‘夏波蒂’、‘中薯 19 号’、‘克新 1 号’及‘948A’品种的马铃薯全粉面条硬度值、胶着性及咀嚼性显著高于其他品种，与小麦粉面条最为接近。添加不同品种马铃薯全粉面条的黏性、回复性、内聚性及弹性差异不显著。马铃薯全粉的添加降低了面条的硬度值，主要是由于全粉中不含有面筋蛋白，影响了面筋网络的完整性，使面条筋力变弱，硬度降低。

表 3-10　添加不同品种马铃薯全粉对面条质构特性的影响

面条品种	硬度/g	黏性/(g·s)	回复性	内聚性	弹性	胶着性	咀嚼性
小麦粉面条	450.80 ± 67.91^{a}	0.12 ± 0.08^{a}	0.22 ± 0.14^{ab}	0.49 ± 0.19^{a}	0.72 ± 0.11^{ab}	218.00 ± 78.99^{a}	1.60 ± 0.83^{a}
‘大西洋’面条	279.50 ± 37.55^{c}	0.07 ± 0.05^{a}	0.22 ± 0.06^{ab}	0.40 ± 0.07^{ab}	0.73 ± 0.07^{ab}	111.67 ± 22.94^{cde}	0.80 ± 0.24^{cde}
‘中薯 5 号’面条	173.33 ± 13.79^{d}	0.08 ± 0.08^{a}	0.23 ± 0.11^{ab}	0.38 ± 0.21^{ab}	0.65 ± 0.10^{bc}	65.50 ± 37.80^{ef}	0.45 ± 0.33^{ef}
‘夏波蒂’面条	284.17 ± 14.47^{c}	0.15 ± 0.12^{a}	0.19 ± 0.02^{ab}	0.38 ± 0.18^{ab}	0.74 ± 0.08^{ab}	107.50 ± 49.22^{de}	0.82 ± 0.43^{cd}
‘青薯 9 号’面条	144.17 ± 22.55^{d}	0.08 ± 0.08^{a}	0.18 ± 0.06^{b}	0.29 ± 0.09^{b}	0.58 ± 0.07^{c}	40.83 ± 12.50^{f}	0.23 ± 0.08^{ef}
‘费乌瑞它’面条	160.00 ± 17.30^{d}	0.06 ± 0.05^{a}	0.26 ± 0.02^{ab}	0.42 ± 0.15^{ab}	0.60 ± 0.03^{c}	67.67 ± 26.32^{ef}	0.40 ± 0.14^{ef}
‘中薯 18 号’面条	251.17 ± 28.76^{c}	0.12 ± 0.11^{a}	0.24 ± 0.08^{ab}	0.39 ± 0.09^{ab}	0.70 ± 0.08^{ab}	97.33 ± 22.47^{de}	0.68 ± 0.17^{de}
‘中薯 19 号’面条	369.33 ± 13.46^{b}	0.10 ± 0.06^{a}	0.27 ± 0.03^{a}	0.49 ± 0.10^{a}	0.78 ± 0.05^{a}	180.00 ± 30.52^{ab}	1.38 ± 0.33^{ab}
‘克新 1 号’面条	277.00 ± 15.94^{c}	0.08 ± 0.04^{a}	0.25 ± 0.01^{ab}	0.51 ± 0.13^{a}	0.81 ± 0.11^{a}	139.33 ± 24.57^{bcd}	1.12 ± 0.35^{bcd}
‘948A’面条	289.50 ± 43.51^{c}	0.08 ± 0.08^{a}	0.28 ± 0.03^{a}	0.54 ± 0.07^{a}	0.79 ± 0.05^{a}	154.33 ± 20.26^{bc}	1.20 ± 0.20^{abc}

注：a、b、c、d 等代表添加不同品种马铃薯全粉面条之间的显著性差异（$p<0.05$）。

3.5.5 不同品种马铃薯全粉面条微观结构的观察

面条的微观结构直接反映面筋骨架的网络结构及淀粉的分布状况。采用扫描电子显微镜观察添加不同品种马铃薯全粉对干面条微观结构的影响。从图 3-22 中可以看出，面条中蛋白质通过分子间的相互作用形成三维网状结构的骨架，而淀粉颗粒等穿插于三维网络结构的空隙中，起到充填面筋网络空隙的作用。图中大小不一的孔状结构是由烘干过程中水分的蒸发所致。添加不同品种的马铃薯全粉对干面微观结构的影响明显不同。图中显示，对照组小麦粉面条的微观结构较为致密，面筋网络较为完全，淀粉颗粒与面筋网络结合紧密。与小麦粉面条相比，添加了马铃薯全粉后，面条中空隙明显增多，且能看出面带明显的破裂。不同品种的马铃薯全粉面条之间，‘大西洋’、‘夏波蒂’、‘中薯 18 号’及‘中薯 19 号’的面条微观结构较为致密，空隙较少，而‘中薯 5 号’、‘青薯 9 号’及‘费乌瑞它’空隙较大，有明显破裂，蛋白质与淀粉结合不够紧密，有明显暴露的淀粉颗粒。扫描电子显微镜观察结果与面条质构特性测定结果完全一致。

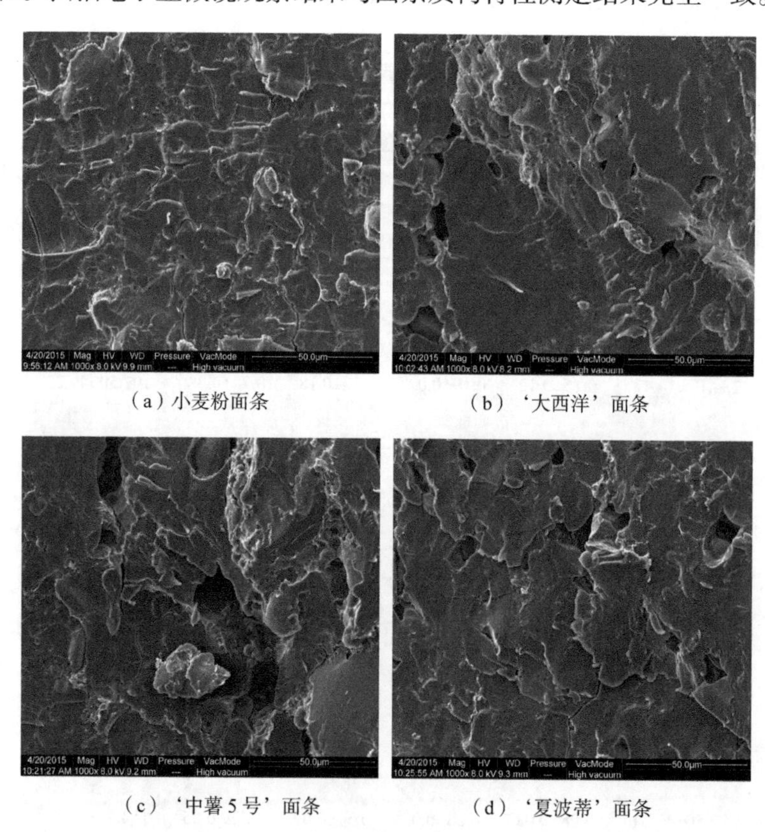

（a）小麦粉面条　　（b）‘大西洋’面条

（c）‘中薯 5 号’面条　　（d）‘夏波蒂’面条

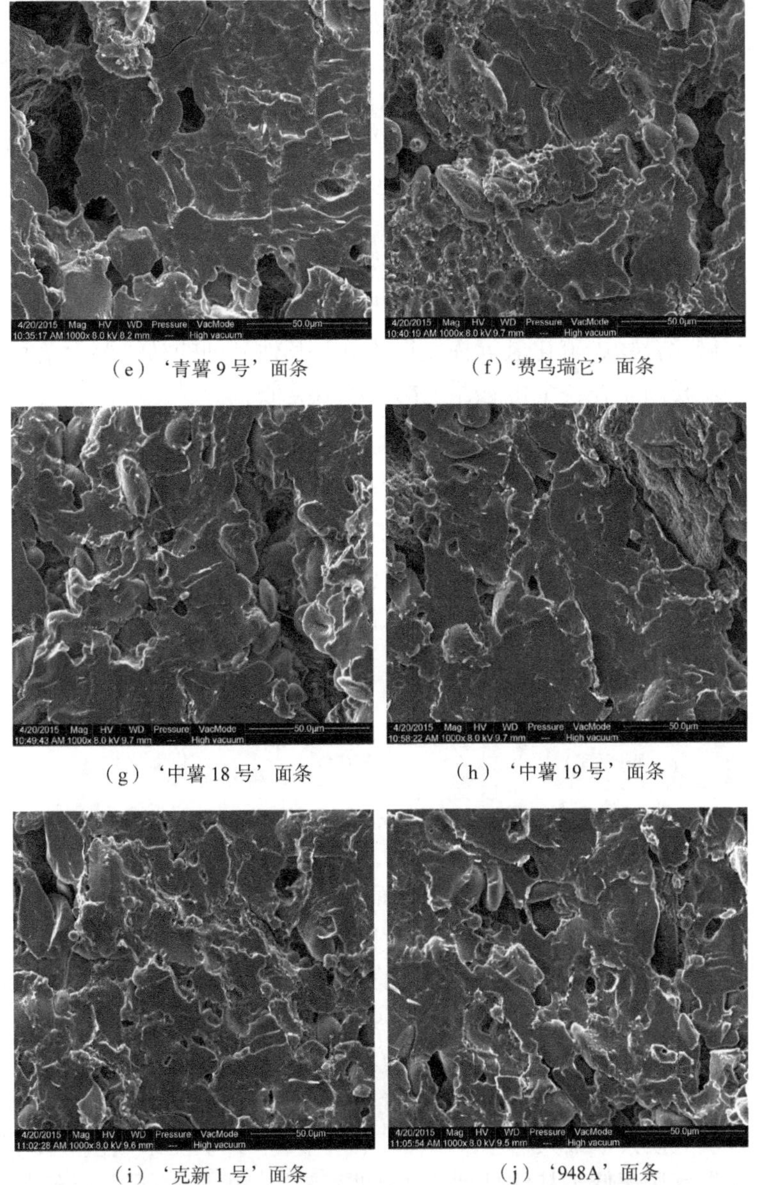

（e）‘青薯 9 号’面条　　（f）‘费乌瑞它’面条

（g）‘中薯 18 号’面条　　（h）‘中薯 19 号’面条

（i）‘克新 1 号’面条　　（j）‘948A’面条

图 3-22　不同品种马铃薯全粉对面条微观结构的影响（放大倍数：1000 倍）

3.5.6　不同品种马铃薯全粉对面条挥发性成分的影响

面条的挥发性成分决定其气味的优劣，添加马铃薯全粉可以增加面条的薯香味。利用电子鼻对添加不同品种马铃薯全粉干面条煮后挥发性风味成分进行检测，每个传感器对不同类型挥发性物质的响应值不同，基于各个传感器的响应值，可建立不同类型物质的指纹图，又称为雷达图。电子鼻 10 个传感器分别为：W1C（S1：对芳香族化合物敏感）、W5S（S2：对氮氧化物敏感）、W3C（S3：对氨类和芳香族化合物敏感）、W6S（S4：对氢气敏感）、W5C（S5：对烯烃和芳香族化合物敏感）、W1S（S6：对烃类物质敏感）、W1W（S7：对硫化氢敏感）、W2S（S8：对醇类物质敏感）、W2W（S9：对芳香族化合物和有机硫化物敏感）、W3S（S10：对碳氢化合物敏感）。添加不同品种马铃薯全粉面条的电子鼻分析雷达图如图 3-23 所示，与其他马铃薯面条相比，‘948A’马铃薯面条在 W1W、W2W 传感器上响应值较高，表明添加‘948A’马铃薯全粉后，煮后面条中含有更多的芳香族化合物、硫化氢等挥发性成分。其他品种的马铃薯面条间差异不明显，且与小麦粉面条在各个传感器上的响应值类似。

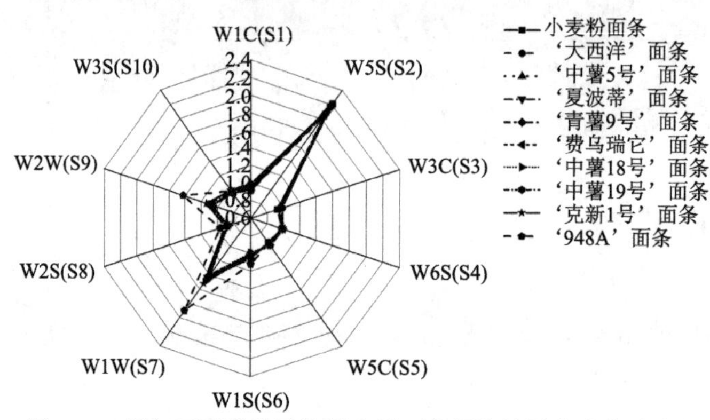

图 3-23　添加不同品种马铃薯全粉面条挥发性风味成分雷达图

综上所述，不同品种马铃薯全粉对面条色泽的影响不同，‘中薯 5 号’马铃薯面条色泽最深，‘费乌瑞它’次之，‘大西洋’、‘夏波蒂’、‘中薯 18 号’及‘中薯 19 号’马铃薯面条与小麦粉面条的色泽最为接近。不同品种马铃薯全粉对面条质构特性的影响也不同，‘中薯 19 号’对马铃薯面条拉伸特性的影响显著优于其他品种，且‘中薯 19 号’、‘克新 1 号’、‘948A’及‘夏波蒂’马铃薯面条的硬度及咀嚼性最接近小麦粉面条。蒸煮特性测定结果表明‘费乌瑞它’马铃薯面条蒸煮损失率最大，‘大西洋’、‘中薯 19 号’及‘克新 1 号’马铃薯面条蒸煮损失率显著低于其他品种。‘夏波蒂’、‘中薯 19 号’马铃薯面条面汤浊度最小，最接近于小麦粉面条。对马铃薯面条挥发性风味成分的分析结果表明，‘948A’马铃薯面条的风味成分与其他品种的马铃薯面条及小麦粉面条均有着明显的差异。‘大西洋’、‘中薯 5 号’、‘夏波蒂’、‘费乌瑞它’、‘中薯 18 号’与小麦粉面条风味成分差异不显著。扫描电子显微镜对不同面条的微观结构观察结果与面条质构特性测定结果一致，‘大西洋’、‘夏波蒂’、‘中薯 18 号’及‘中薯 19 号’马铃薯面条微观结构较为致密，空隙较小，而‘中薯 5 号’、

‘青薯 9 号’及‘费乌瑞它’马铃薯面条空隙较大，表面有明显破裂。

综合考虑不同品种面条的食用品质，‘中薯 19 号’马铃薯面条各项指标与小麦粉面条最为接近，其次为‘948A’、‘大西洋’和‘夏波蒂’。因此，西北、华北地区 9 个马铃薯主栽品种中，‘中薯 19 号’面条加工适应性最佳，‘948A’、‘大西洋’和‘夏波蒂’次之。

适合于加工面条的马铃薯专用品种除应考虑以上加工性能外，还应考虑不同品种马铃薯的营养成分的含量，以及适合马铃薯面条加工专用品种“三高一低一白”的指标要求。

3.6　不同品种小麦粉对马铃薯面条食用品质的影响

由于马铃薯面条是马铃薯全粉或薯泥与小麦粉混合制作而成，小麦粉的面筋蛋白被稀释，马铃薯淀粉颗粒较大，影响面筋蛋白-淀粉“钢筋水泥”结构的形成。因此，用于制作传统面条的小麦品种及其面粉不完全适宜加工马铃薯面条，需要筛选适宜加工马铃薯面条的小麦品种和高面筋含量的小麦粉。

3.6.1　不同品种小麦粉的主要成分

用于加工面条的小麦品种也有很多。影响面条品质特性的小麦粉成分主要有灰分、蛋白质、湿面筋和淀粉，特别是直链淀粉的含量等。

由表 3-11 可见，6 种不同品种的小麦粉中，‘双福 02-1’的蛋白质含量最高，‘永良 4’的含量最低。小麦粉蛋白质中除面筋蛋白外还含有一定量的非面筋蛋白，这部分蛋白质对面粉起到酶解的功能，具有催化酵母发酵和凝结面团的作用。‘双福 02-1’小麦粉中的直链淀粉含量也最高，而‘新冬 18’小麦粉中的最低。‘新冬 18’小麦粉的灰分含量显著高于其余五种小麦粉，‘奎冬 5’小麦粉的灰分含量最低。一般而言，小麦粉的灰分含量越高，矿物质的含量越高，但加工性能越差。

表 3-11　不同品种小麦粉中主要成分的比较（%）

品种	蛋白质	湿面筋	淀粉	直链淀粉	灰分
‘双福 02-1’	12.33 ± 0.14^{c}	0.35 ± 0.08^{bc}	58.60 ± 0.21^{d}	32.84 ± 0.43^{a}	0.68 ± 0.01^{c}
‘山农 15’	11.60 ± 0.41^{bc}	0.35 ± 0.08^{c}	64.22 ± 0.46^{a}	29.84 ± 2.51^{b}	0.77 ± 0.02^{a}
‘济南 17’	11.18 ± 0.76^{ab}	0.34 ± 0.18^{bc}	59.66 ± 0.15^{c}	30.36 ± 0.71^{b}	0.69 ± 0.01^{c}
‘新冬 18’	11.62 ± 0.23^{bc}	0.33 ± 0.09^{b}	64.38 ± 0.35^{a}	25.45 ± 1.18^{c}	1.06 ± 0.02^{d}
‘奎冬 5’	10.92 ± 0.37^{ab}	0.35 ± 0.12^{c}	64.30 ± 0.23^{a}	30.44 ± 1.30^{b}	0.60 ± 0.08^{b}
‘永良 4’	10.46 ± 0.46^{a}	0.31 ± 0.02^{a}	62.34 ± 0.14^{b}	26.28 ± 1.41^{c}	0.66 ± 0.02^{c}

注：a、b、c、d 代表同一指标不同小麦粉之间的显著性差异（$p<0.05$）。

3.6.2　不同品种小麦粉对马铃薯面条蒸煮特性的影响

蒸煮损失率可定量反映蒸煮过程中面条中干物质的溶出量，是衡量面条食用品质的重要指标。蒸煮损失率越大，面条的浑汤程度越严重，面条的食用品质也越差。如图 3-24 所示，6 种不同品种小麦粉的马铃薯干面条中，‘双福 02-1’马铃薯干面条的蒸煮损失率最大，‘奎冬 5’马铃薯干面条最小。6 种不同品种小麦粉的马铃薯鲜切面中，‘济南 17’马铃薯鲜切面蒸煮损失率最大，‘双福 02-1’马铃薯鲜切面次之，‘山农 15’马铃薯鲜切面最小。这可能是由于‘山农 15’和‘奎冬 5’小麦粉中湿面筋含量较高，在面团的制作过程中形成了较好的三维网状结构，降低了淀粉的溶出，从而降低了蒸煮损失率。

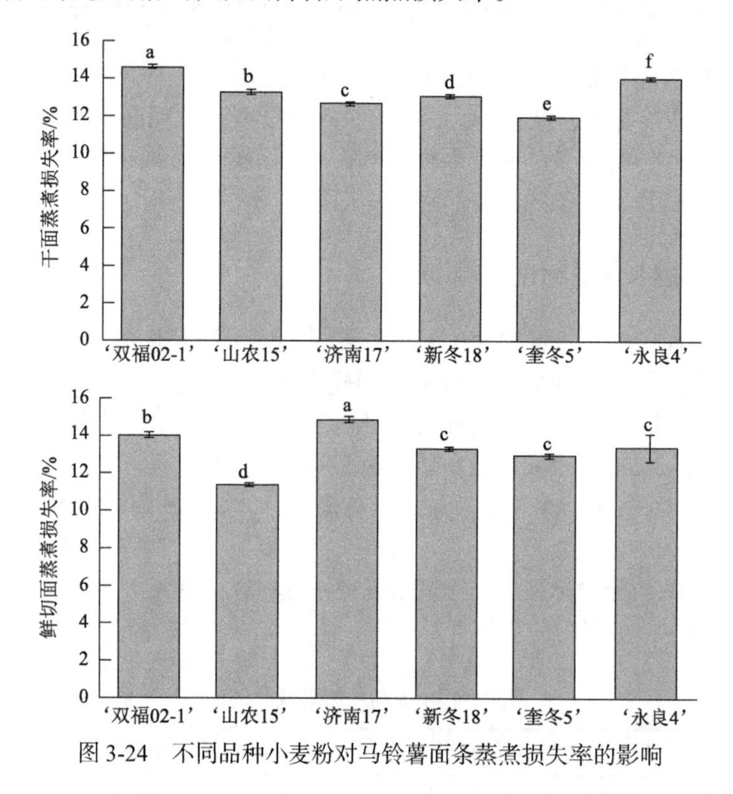

图 3-24　不同品种小麦粉对马铃薯面条蒸煮损失率的影响

‘双福 02-1’小麦粉的高淀粉含量，特别是高含量的直链淀粉可能是造成马铃薯面条蒸煮损失率高的主要原因之一。因为直链淀粉易溶于热水，糊化时间短，随着面条中直链淀粉含量升高，进入面汤中的干物质含量增加，蒸煮损失率增大。

3.6.3　不同品种小麦粉对马铃薯面条拉伸特性的影响

面条的拉伸阻力可以反映其拉伸特性，通常拉伸阻力越大，面条的筋道感越好，弹性越强，相应面条的品质也越好。6 种不同品种的小麦粉马铃薯干面条及鲜切面的拉伸特性如图 3-25 所示。可以看出，‘山农 15’和‘济南 17’马铃薯干面条的拉伸阻力要显著大于其余 4 种，‘永良 4’马铃薯面条的拉伸阻力最小。在鲜切面中，‘双福 02-1’马铃薯鲜切面的拉伸阻力最大，‘山农 15’马铃薯鲜切面次之，‘永良 4’鲜切面拉伸阻力最小。面条的拉伸特性与原料粉中的蛋白质和湿面筋含量密切相关。随着蛋白质含量的增加，湿面筋含量随之上升，蛋白质通过共价键和非共价键形成网状结构，进而与淀粉、脂肪等物质形成了淀粉-蛋白质-脂肪复合体。湿面筋含量越高，这种复合体结构越牢固，稳定性越高，形成的面条的弹性越好，抗拉断力和拉伸距离也就越大。

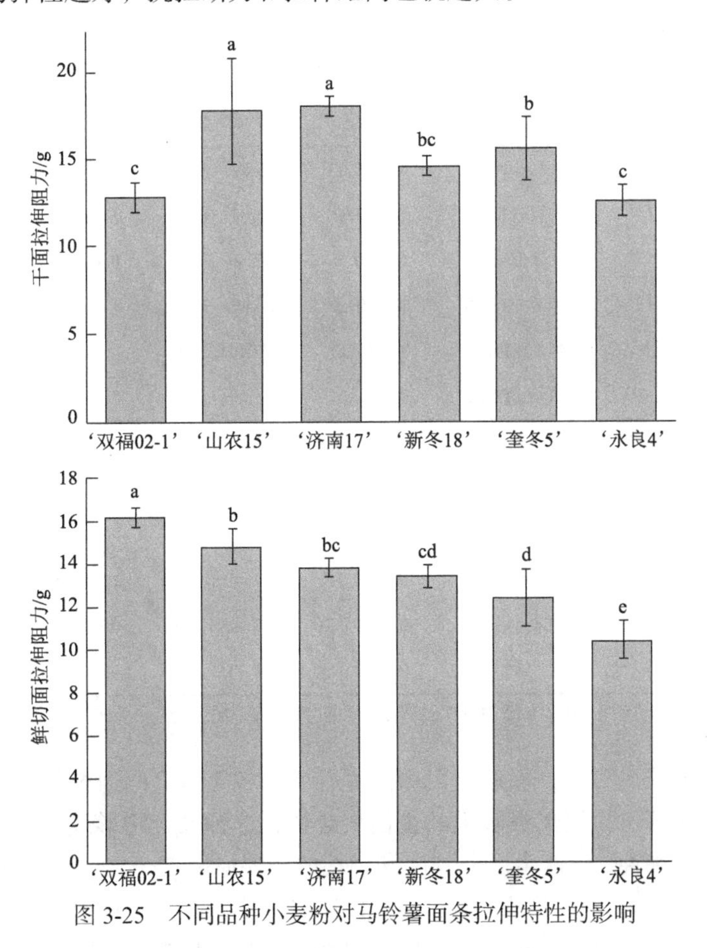

图 3-25　不同品种小麦粉对马铃薯面条拉伸特性的影响

3.6.4　不同品种小麦粉对马铃薯面条质构特性的影响

由于不同的消费者对面条的口感品质要求不同，同一种产品感官评价存在很大差异，难以统一标准化，而质构仪有较高的灵敏度和客观性，可以通过对面条质构特性进行量化处理，从而避免受人为评价的主观因素影响。同时，剪切应力、拉断力等参数与面条的筋道感、硬度和弹性等指标之间存在显著的正相关性，因此，用质构仪对面条的质地进行研究不仅直观而且更加方便快捷。对 6 种不同品种小麦粉马铃薯干面条和鲜切面质构特性的测定，结果如表 3-12 所示。可以看出，6 种不同品种小麦粉干面条的硬度存在显著差异，其中‘山农 15’和‘新冬 18’马铃薯干面条硬度较大，‘双福 02-1’马铃薯干面条硬度最小；‘济南 17’马铃薯干面条弹性和胶着性相对较好，‘永良 4’马铃薯干面条的硬度、弹性、胶着性等指标显著较差，其他指标在 6 种不同品种小麦粉干面条中均无显著性差异。在 6 种不同品种小麦粉鲜切面条中，硬度等五个指标无显著性差异。

表 3-12　不同品种小麦粉对马铃薯面条质构特性的影响

	种类	硬度/g	弹性	胶着性	咀嚼性	黏力
干面	‘双福 02-1’	117.80 ± 9.45^{c}	0.67 ± 0.03^{a}	59.60 ± 13.65^{ab}	0.38 ± 0.12^{a}	4.20 ± 1.01^{ab}
	‘山农 15’	161.20 ± 15.63^{a}	0.60 ± 0.02^{bc}	45.60 ± 31.90^{ab}	0.28 ± 0.18^{ab}	5.20 ± 1.37^{ab}
	‘济南 17’	145.60 ± 4.47^{ab}	0.67 ± 0.03^{a}	67.80 ± 25.00^{a}	0.44 ± 0.17^{a}	5.00 ± 0.65^{ab}
	‘新冬 18’	166.00 ± 16.10^{a}	0.60 ± 0.02^{bc}	54.80 ± 11.92^{ab}	0.32 ± 0.07^{ab}	4.80 ± 1.21^{ab}
	‘奎冬 5’	144.80 ± 15.93^{ab}	0.63 ± 0.02^{ab}	77.40 ± 22.45^{a}	0.48 ± 0.15^{a}	5.20 ± 1.37^{ab}
	‘永良 4’	127.40 ± 16.72^{bc}	0.57 ± 0.04^{c}	28.60 ± 13.69^{b}	0.16 ± 0.11^{b}	6.00 ± 1.46^{a}
鲜切面	‘双福 02-1’	137.20 ± 1.52^{bc}	0.65 ± 0.04^{a}	65.00 ± 7.55^{a}	0.40 ± 0.07^{a}	4.80 ± 1.01^{b}
	‘山农 15’	135.20 ± 7.92^{bc}	0.66 ± 0.04^{a}	65.60 ± 23.58^{a}	0.46 ± 0.17^{a}	7.40 ± 1.55^{ab}
	‘济南 17’	132.00 ± 6.18^{bc}	0.66 ± 0.04^{a}	71.20 ± 24.11^{a}	0.46 ± 0.19^{a}	5.40 ± 0.83^{b}
	‘新冬 18’	166.60 ± 9.13^{a}	0.62 ± 0.04^{a}	62.40 ± 14.08^{a}	1.10 ± 1.51^{a}	7.60 ± 1.80^{ab}
	‘奎冬 5’	132.40 ± 11.69^{bc}	0.62 ± 0.05^{a}	47.40 ± 32.06^{a}	0.31 ± 0.24^{a}	5.60 ± 1.55^{b}
	‘永良 4’	113.40 ± 9.23^{c}	0.54 ± 0.09^{b}	44.00 ± 17.48^{a}	0.46 ± 0.40^{a}	8.80 ± 3.43^{ab}

注：a、b、c、d 代表同一小麦粉添加量不同马铃薯面条之间的显著性差异（$p<0.05$）。

在面团形成过程中，面筋蛋白中的麦谷蛋白各亚基之间通过分子间二硫键和次生键（氢键等）聚集形成较大的蛋白聚合物，这种聚合物形成的网络结构具有较好的刚性和弹性，是产生面条硬度和弹性的主要原因之一。面筋蛋白含量越高，面条的咀嚼性越好，筋道感越强。直链淀粉含量不同是影响面条质构特性的另一个主要原因，通常直链淀粉含量越低，面条的吸水量越小，硬度也越大。

3.6.5　不同品种小麦粉对马铃薯面条微观结构的影响

扫描电子显微镜观察能直观评价蛋白质和淀粉等主要成分对面条微观结构的

影响。分别在 45 倍和 2000 倍放大倍数下观察 6 种不同品种小麦粉马铃薯干面条的横截面，结果如图 3-26 所示。从图中可以看出，放大倍数为 45 倍时，可明显

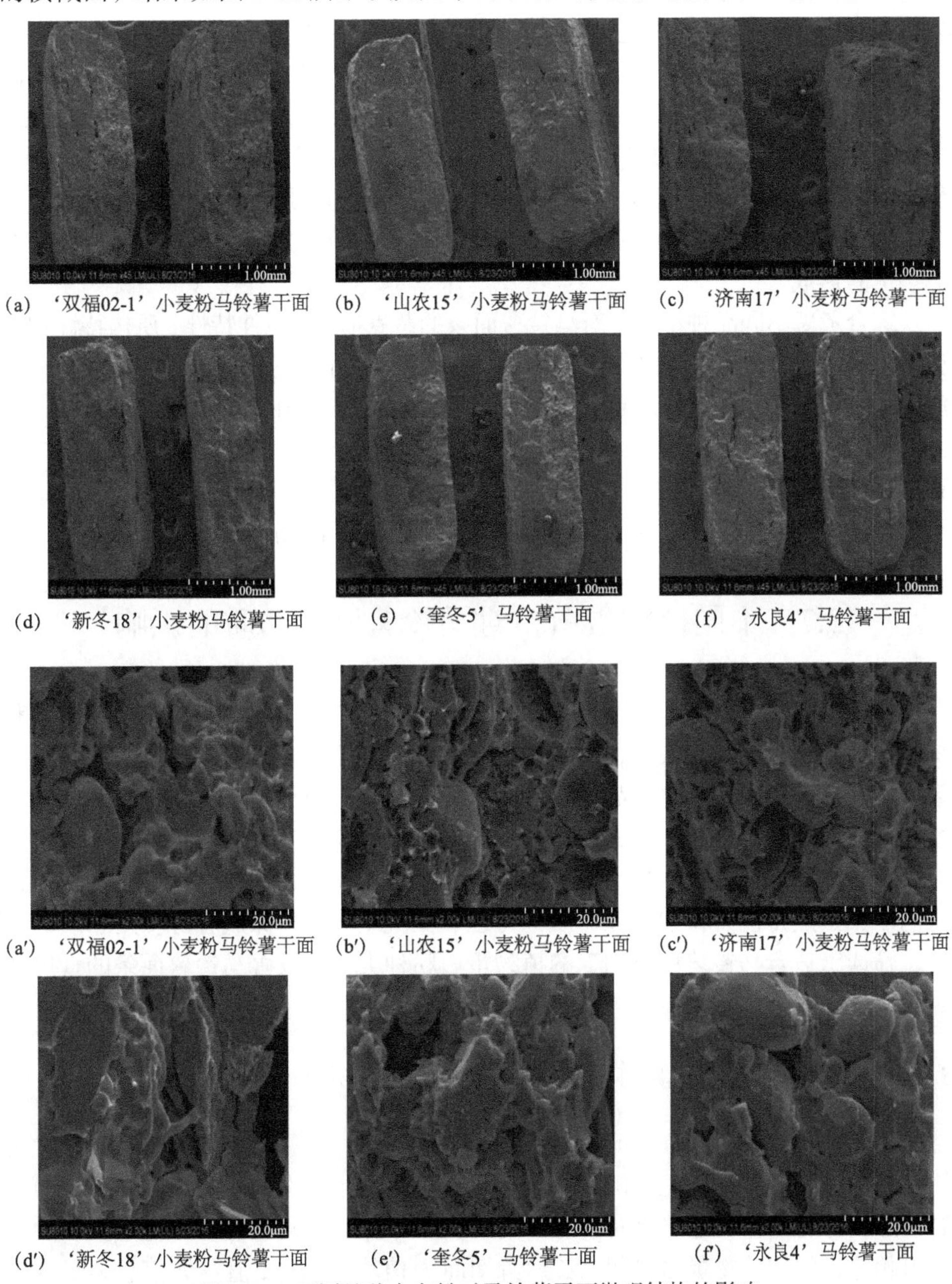

(a)　‘双福02-1’小麦粉马铃薯干面　(b)　‘山农15’小麦粉马铃薯干面　(c)　‘济南17’小麦粉马铃薯干面

(d)　‘新冬18’小麦粉马铃薯干面　(e)　‘奎冬5’马铃薯干面　(f)　‘永良4’马铃薯干面

(a′)　‘双福02-1’小麦粉马铃薯干面　(b′)　‘山农15’小麦粉马铃薯干面　(c′)　‘济南17’小麦粉马铃薯干面

(d′)　‘新冬18’小麦粉马铃薯干面　(e′)　‘奎冬5’马铃薯干面　(f′)　‘永良4’马铃薯干面

图 3-26　不同品种小麦粉对马铃薯干面微观结构的影响

(a)～(f) 放大倍数 45 倍；(a′)～(f′) 放大倍数 2000 倍

地观察到 6 种面条的内部微观结构存在较大差异，‘山农 15’和‘济南 17’马铃薯干面条结构较为致密，无龟裂现象发生且空隙较小。而‘双福 02-1’和‘永良 4’马铃薯干面条质地较为疏松，有龟裂现象发生。在 2000 倍下进一步观察发现，‘山农 15’和‘济南 17’马铃薯干面条中蛋白质和淀粉颗粒结合更为紧密，蛋白质对淀粉颗粒的包裹效果较好。而‘双福 02-1’马铃薯干面中形成的蛋白网络结构较差，淀粉颗粒和蛋白质间存在较大空隙，淀粉未完全镶嵌在面筋网络结构中。小麦粉中湿面筋含量会直接影响面筋网络结构形成的数量和质量，进而影响面条的质地，而面筋蛋白中的半胱氨酸氧化形成的分子间和分子内的二硫键可促进网络结构的形成。

综合考虑不同品种小麦粉对马铃薯面条的蒸煮损失、拉伸特性、质构特性和微观结构的影响，结果表明‘山农 15’和‘济南 17’小麦粉制作的马铃薯面条，其食用品质优于其他 4 种小麦粉。由此可见，‘山农 15’和‘济南 17’小麦粉较适合用于加工马铃薯面条。小麦粉中湿面筋含量和直链淀粉含量对马铃薯面条的感官品质影响显著，小麦粉中湿面筋含量越高、直链淀粉含量越低，马铃薯面条的感官品质越好。当小麦粉中的蛋白质含量不足时，需要额外添加蛋白质加以改善。

3.7　不同植物蛋白粉对马铃薯面条品质的影响

由于马铃薯全粉中不含面筋蛋白，马铃薯面条加工中存在成型难、易断条和易浑汤等问题。有研究表明，添加植物蛋白既可提高小麦粉面条的蛋白质含量，又能改善小麦粉面条的食用品质，其改善效果与蛋白质种类及添加量密切相关。植物蛋白同样对马铃薯面条的食用品质产生影响。通过研究在马铃薯面条原料复配粉中分别添加一定比例的小麦蛋白粉、大豆蛋白粉或花生蛋白粉对马铃薯面条的色泽、蒸煮特性、拉伸特性、质构特性、微观结构及风味成分等食用品质的影响，筛选出适合马铃薯面条加工的植物蛋白粉种类，为改善马铃薯面条的食用品质提供理论依据。

3.7.1　不同植物蛋白粉对马铃薯面条色泽的影响

色泽是马铃薯面条食用品质评价的重要指标，直接影响人们对产品品质优劣的判断。利用色差计的光电测定方法，可迅速、方便、准确地测定不同类型面条的色泽，有助于客观地评价面条的外观品质。由表 3-13 可以看出，与无添加的对照组相比，添加植物蛋白粉使马铃薯鲜切面 L 值均降低，a 值及 b 值总体呈现增大趋势；且随着蛋白粉添加量的增加，L 值逐渐降低，a 值及 b 值总体呈现逐渐增大趋势，表明蛋白粉的添加会使马铃薯鲜切面的亮度减小，红度、黄度增大，面条颜色加深。已有研究表明，蛋白质含量与面条白度呈负相关。Oh 等（1985）认为蛋白质含量越高，参与黑色素反应的含氮类化合物越多，且蛋白质含量增加会导致淀粉相对含量降低，面团内部网络结构紧密，影响对光的反射率，使面条色泽变暗。表 3-13 的数据还表明，添加小麦蛋白粉的马铃薯鲜切面的 *a* 值显著小于添加花生蛋白粉和大豆蛋白粉的马铃薯面条；添加大豆蛋白粉的马铃薯鲜切面颜色较白，添加小麦蛋白粉的马铃薯面条颜色偏黄。马铃薯干面条的色泽变化规律与其鲜切面的一致，添加花生蛋白粉和大豆蛋白粉的马铃薯面条 *a* 值较高，添加小麦蛋白粉的 *b* 值总体较高。

表 3-13　添加不同植物蛋白粉对马铃薯面条色泽的影响

	色差	添加量/%	小麦蛋白粉添加组	花生蛋白粉添加组	大豆蛋白粉添加组
鲜切面	*L* 值	0	83.89 ± 0.38^{A}	83.89 ± 0.38^{A}	83.89 ± 0.38^{A}
		2	82.11 ± 0.36^{Bb}	82.51 ± 0.13^{Ba}	83.46 ± 0.20^{Aa}
		4	81.48 ± 0.16^{Ca}	81.09 ± 0.33^{Cb}	82.82 ± 0.22^{Aa}
		6	80.07 ± 0.30^{Da}	79.63 ± 0.34^{Db}	81.99 ± 0.31^{Aa}
	a 值	0	0.25 ± 0.04^{B}	0.25 ± 0.04^{D}	0.25 ± 0.04^{B}
		2	0.29 ± 0.08^{Bb}	0.65 ± 0.07^{Ca}	0.67 ± 0.03^{Aa}
		4	0.45 ± 0.04^{Ab}	1.24 ± 0.05^{Ba}	0.60 ± 0.05^{Aa}
		6	0.49 ± 0.05^{Ab}	1.52 ± 0.21^{Aa}	0.55 ± 0.06^{Aa}
	b 值	0	18.04 ± 0.63^{C}	18.04 ± 0.63^{C}	18.04 ± 0.63^{A}
		2	18.07 ± 0.29^{Ca}	17.87 ± 0.20^{Ca}	14.99 ± 0.17^{Bb}
		4	18.37 ± 0.11^{Bb}	18.73 ± 0.08^{Ba}	16.21 ± 0.09^{Bb}
		6	19.08 ± 0.20^{Aa}	19.09 ± 0.41^{Aa}	17.64 ± 0.15^{Bb}
干面条	*L* 值	0	77.74 ± 0.41^{A}	77.74 ± 0.41^{A}	77.74 ± 0.41^{A}
		2	76.05 ± 1.12^{Bb}	78.46 ± 0.53^{Aa}	78.65 ± 1.05^{Aa}
		4	76.94 ± 1.83^{Ba}	69.22 ± 1.75^{Cb}	76.89 ± 0.83^{Bb}
		6	74.83 ± 0.78^{Cb}	73.61 ± 2.04^{Ba}	76.71 ± 0.73^{Ba}
	a^*值	0	0.76 ± 0.09^{B}	0.76 ± 0.09^{B}	0.76 ± 0.09^{B}
		2	0.56 ± 0.12^{Bb}	0.80 ± 0.11^{Ba}	1.29 ± 0.13^{Aa}
		4	0.77 ± 0.07^{Bb}	1.65 ± 0.11^{Aa}	0.97 ± 0.13^{Aa}
		6	1.03 ± 0.08^{Bb}	1.77 ± 0.26^{Aa}	1.28 ± 0.15^{Aa}
	b^*值	0	18.81 ± 0.31^{A}	18.81 ± 0.31^{A}	18.81 ± 0.31^{B}
		2	18.17 ± 0.44^{Aa}	18.65 ± 0.52^{Ab}	16.89 ± 0.21^{Bb}
		4	19.11 ± 0.40^{Aa}	18.17 ± 0.47^{Bb}	18.60 ± 0.53^{Bb}
		6	20.18 ± 0.29^{Aa}	18.43 ± 0.43^{Ab}	20.41 ± 0.29^{Aa}

注：a、b、c 代表同一添加量不同蛋白粉之间的显著性差异（$p<0.05$）；A、B、C、D 代表同一蛋白粉不同添加量之间的显著性差异（$p<0.05$）。

3.7.2 不同植物蛋白粉对马铃薯面条蒸煮特性的影响

蒸煮损失率是评价马铃薯面条蒸煮特性的一个重要指标，蒸煮损失率越大，面汤越浑浊，面条食品品质越差。有研究表明，面条的蒸煮损失率与湿面筋含量呈显著负相关。在制面过程中小麦面筋蛋白发生相互作用，形成面筋网络结构，可束缚面筋网络空隙中的淀粉颗粒，从而减少淀粉溶出，降低其蒸煮损失率，提高面条食用品质。由图 3-27 可以看出，与无添加的对照相比，添加植物蛋白粉可显著降低马铃薯面条的蒸煮损失，且随着蛋白粉添加量的增加，蒸煮损失率逐渐降低。同时，不同品种的蛋白粉对马铃薯面条蒸煮损失率的影响不同，添加小麦蛋白粉的马铃薯鲜切面的蒸煮损失率显著低于添加花生蛋白粉和大豆蛋白粉的面条，而添加花生蛋白粉与添加大豆蛋白粉的马铃薯面条之间蒸煮损失率差异不显著。其原因主要是由于 3 种蛋白粉的品质不同，蛋白粉品质在很大程度上决定面条的蒸煮特性。马铃薯干面条的蒸煮损失率变化规律与马铃薯鲜切面一致，添加小麦蛋白粉的蒸煮损失率显著低于另外两种蛋白粉添加组。

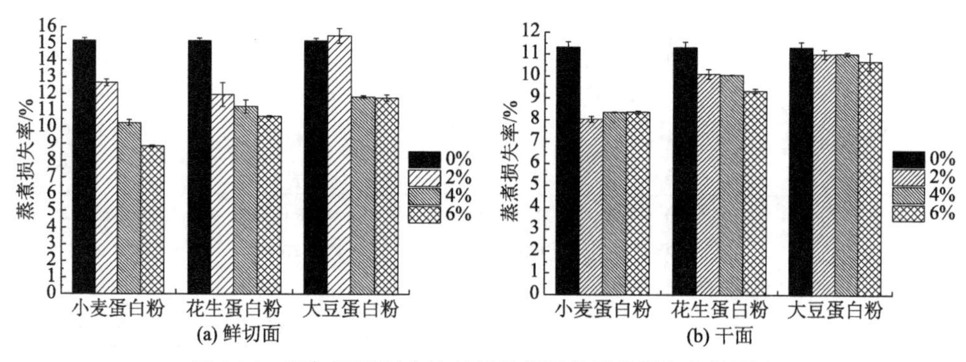

图 3-27 添加不同蛋白粉对马铃薯面条蒸煮损失率的影响

3.7.3 不同植物蛋白粉对马铃薯面条拉伸特性的影响

面条的拉伸阻力是指受外力拉伸时所克服的阻力，通常以面条被拉断时的最大拉伸阻力来表示。面条的拉伸阻力越大，表明面条的筋力越强，抗拉伸性能越好，面条弹性越好。一般来说，面筋含量越高，制作的面条抗拉伸性能越好。如图 3-28 所示，与无添加的对照组相比，分别添加 3 种植物蛋白粉后，马铃薯面条的拉伸阻力均显著增大，且随着蛋白粉添加量的增加，拉伸阻力呈增大趋势。由此可见，3 种蛋白粉均可改善马铃薯面条的拉伸特性，增加其弹性。同时，由图 3-28 可知，不同种类植物蛋白粉对马铃薯面条拉伸特性的改善效果不同。在添加量相同时，添加小麦蛋白粉的马铃薯面条的拉伸阻力显著大于添加花生蛋白粉和大豆蛋白粉的马铃薯面条。由此可见，小麦蛋白粉对马铃薯面条拉伸特性的改善效果最佳。

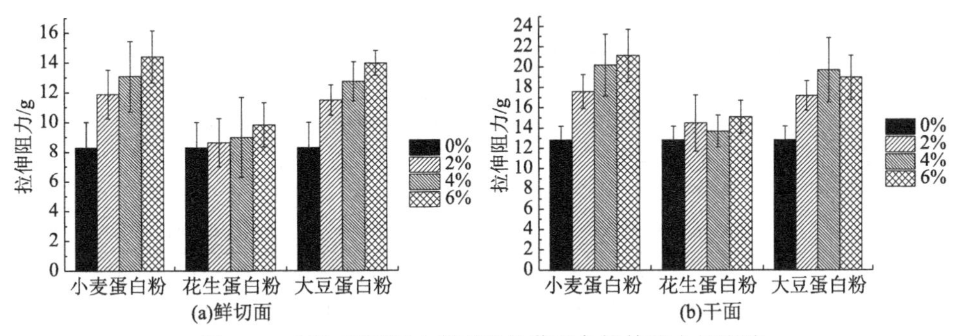

图 3-28　添加不同蛋白粉对马铃薯面条拉伸阻力的影响

3.7.4　不同植物蛋白粉对马铃薯面条质构特性的影响

TPA 质构分析是评价马铃薯面条品质的有效方法。有研究表明，TPA 质构测试各项参数与感官评价之间存在显著的相关性。面条感官评价中的筋道感分别与硬度、黏合性、咀嚼性、回复性、弹性参数呈显著正相关，爽滑口感分别与硬度、咀嚼性、弹性和黏附性参数呈显著负相关。陈东升等（2005）认为面条 TPA 测试指标能较好地反映面条感官评价的适口性、韧性、黏性和总评分。孙彩玲等（2007）认为 TPA 测试中的硬度、胶着性和咀嚼性等参数均与面条感官评价的筋道感、硬度和弹性呈显著正相关。因此，TPA 测试在一定程度上可替代感官评价，更加客观地对面条进行品质评价。采用 TPA 质构仪分析不同植物蛋白粉对马铃薯面条的硬度、弹性、黏性、胶着性、咀嚼性及回复性影响的研究结果如表 3-14 所示。可以看出，3 种植物蛋白粉均使马铃薯鲜切面的硬度、黏合性和咀嚼性总体呈现增大趋势，降低弹性及黏结性。且随着蛋白粉添加量的增加，马铃薯鲜切面的硬度、黏合性和咀嚼性总体上呈现增加趋势。其原因主要是由于蛋白粉的添加可促进面条中面筋网络结构的形成，使面条硬度增加，筋道感增强。同时，不同的植物蛋白粉对马铃薯面条鲜切面 TPA 质构特性的影响也不同，在同一添加量的条件下，花生蛋白粉添加组马铃薯鲜切面的硬度、黏性、胶着性及咀嚼性均小于小麦蛋白粉添加组和大豆蛋白粉添加组。马铃薯干面条 TPA 质构特性指标的变化规律与鲜切面基本一致。以上结果表明，与花生蛋白粉相比，小麦蛋白粉和大豆蛋白粉对马铃薯面条的 TPA 质构特性的改善效果较佳。

表 3-14　不同蛋白对马铃薯面条质构特性的影响

	添加组	添加量/%	硬度/g	弹性	黏性/(g·s)	胶着性	咀嚼性	回复性
鲜切面	小麦蛋白粉添加组	0	220.24 ± 14.90^{B}	0.98 ± 0.01^{A}	0.57 ± 0.02^{A}	126.20 ± 7.39^{B}	123.81 ± 6.28^{B}	0.43 ± 0.03^{A}
		2	296.43 ± 11.46^{Aa}	0.93 ± 0.02^{Ba}	0.46 ± 0.05^{Ca}	135.26 ± 18.06^{Ba}	126.06 ± 17.64^{Ba}	0.23 ± 0.02^{Ca}
		4	299.13 ± 14.10^{Aab}	0.91 ± 0.02^{Ba}	0.47 ± 0.01^{Ca}	140.39 ± 9.22^{Ba}	128.12 ± 10.44^{Ba}	0.25 ± 0.01^{Ca}
		6	309.23 ± 13.35^{Aa}	0.92 ± 0.03^{Ba}	0.53 ± 0.02^{Ba}	164.49 ± 11.43^{Aa}	151.3 ± 14.69^{Aa}	0.32 ± 0.01^{Ba}

续表

	添加组	添加量/%	硬度/g	弹性	黏性/(g · s)	胶着性	咀嚼性	回复性
鲜切面	花生蛋白粉添加组	0	220.24±14.90^{D}	0.98±0.01^{A}	0.57±0.02^{A}	126.20±7.39^{A}	123.81±6.28^{A}	0.43±0.03^{A}
		2	286.75±9.20^{Aa}	0.91±0.04^{Ba}	0.44±0.03^{Ca}	127.61±11.84^{Aa}	115.79±6.71^{Aa}	0.26±0.02^{Ba}
		4	262.28±8.75^{Bb}	0.89±0.01^{Ba}	0.42±0.03^{Db}	109.24±9.94^{Bb}	96.97±9.07^{Bb}	0.21±0.02^{Cb}
		6	244.48±8.51^{Cb}	0.88±0.04^{Ba}	0.48±0.01^{Bb}	117.78±6.91^{ABb}	104.01±10.28^{Bb}	0.27±0.01^{Bb}
	大豆蛋白粉添加组	0	220.24±14.90^{B}	0.98±0.01^{A}	0.57±0.02^{A}	126.20±7.39^{C}	123.81±6.28^{B}	0.43±0.03^{A}
		2	310.86±24.21^{Aa}	0.89±0.03^{Ba}	0.46±0.03^{Ca}	141.07±4.89^{BCa}	125.44±7.99^{Ba}	0.26±0.02^{Ca}
		4	340.39±50.45^{Aa}	0.86±0.11^{Ba}	0.43±0.01^{Cb}	145.79±20.57^{Ba}	124.31±18.20^{Ba}	0.20±0.02^{Db}
		6	326.34±13.75^{Aa}	0.93±0.07^{ABa}	0.52±0.04^{Bab}	168.84±14.63^{Aa}	157.67±22.61^{Aa}	0.33±0.03^{Ba}
干面条	小麦蛋白粉添加组	0	279.80±35.90^{C}	0.90±0.05^{A}	0.46±0.03^{B}	201.07±36.55^{BC}	181.09±38.20^{AB}	0.23±0.03^{B}
		2	344.28±6.32^{Ba}	0.91±0.05^{Aa}	0.52±0.01^{Aa}	179.05±5.22^{Ca}	163.23±8.97^{Ba}	0.30±0.02^{Aa}
		4	449.43±16.64^{Aa}	0.89±0.03^{ABa}	0.53±0.01^{Aa}	240.19±11.12^{Aa}	212.92±11.71^{Aa}	0.27±0.02^{Aa}
		6	437.83±13.28^{Aa}	0.83±0.02^{Bb}	0.54±0.01^{Aa}	236.73±8.56^{ABa}	196.87±10.38^{ABa}	0.29±0.01^{Aa}
	花生蛋白粉添加组	0	279.80±35.90^{B}	0.90±0.05^{A}	0.46±0.03^{A}	201.07±36.55^{A}	181.09±38.20^{A}	0.23±0.03^{B}
		2	285.33±21.42^{Bb}	0.92±0.05^{Aa}	0.35±0.07^{Bb}	102.39±27.16^{Bb}	93.90±25.44^{Bb}	0.27±0.03^{Aa}
		4	365.40±16.13^{Ab}	0.91±0.02^{Aa}	0.51±0.01^{Aa}	185.45±12.68^{Ab}	168.17±15.45^{Ab}	0.27±0.02^{Aa}
		6	352.15±17.19^{Ab}	0.88±0.01^{Aa}	0.49±0.01^{Aa}	173.01±10.94^{Ab}	151.87±10.40^{Ab}	0.25±0.02^{ABb}
	大豆蛋白粉添加组	0	279.80±35.90^{C}	0.90±0.05^{A}	0.46±0.03^{AB}	201.07±36.55^{A}	181.09±38.20^{A}	0.23±0.03^{B}
		2	354.30±4.26^{Ba}	0.91±0.03^{Aa}	0.50±0.04^{Aa}	178.43±15.23^{Aa}	162.13±18.47^{ABa}	0.28±0.05^{Aa}
		4	489.67±45.66^{Aa}	0.86±0.05^{ABa}	0.40±0.04^{BCb}	197.20±36.94^{Ab}	168.71±28.78^{ABb}	0.25±0.03^{ABa}
		6	390.57±36.29^{Bb}	0.83±0.03^{Bb}	0.39±0.09^{Bb}	152.55±45.40^{Ab}	125.96±37.10^{Bb}	0.26±0.03^{ABab}

注：a、b、c 代表同一添加量不同蛋白粉之间的显著性差异（$p<0.05$）；A、B、C、D 代表同一蛋白粉不同添加量之间的显著性差异（$p<0.05$）。

3.7.5　不同蛋白粉对马铃薯面条挥发性成分的影响

风味是食品品质的重要特征之一，能刺激人的食欲，是人们选择和接受食品的重要因素，对人的摄食和消化也有重要影响。在许多食品中，风味的差别很大程度决定了产品的等级和价值。决定面条风味的主要成分是挥发性物质。电子鼻作为一种人工嗅觉传感器技术，以其客观性、可靠性和重现性等优点在食品挥发性成分的分析中得到广泛应用。

1. 电子鼻传感器信号分析结果

利用电子鼻对添加不同蛋白粉的马铃薯面条挥发性风味成分进行了检测，每个传感器对不同类型物质的响应值不同，基于各个传感器的响应值，可建立不同类型物质的指纹图，又称雷达图。电子鼻 10 个传感器分别为：W1C（S1：对芳香族化合物敏感）、W5S（S2：对氮氧化物敏感）、W3C（S3：对氨类和芳香族化合物敏感）、W6S（S4：对氢气敏感）、W5C（S5：对烯烃和芳香族化合物敏感）、W1S（S6：对烃类物质敏感）、W1W（S7：对硫化氢敏感）、W2S（S8：对醇类物质敏感）、W2W（S9：对芳香族化合物和有机硫化物敏感）、W3S（S10：对碳氢化合物敏感）。添加不同植物蛋白粉马铃薯面条的电子鼻分析雷达图如图3-29所示。与其他蛋白粉添加组马铃薯面条相比，大豆蛋白粉添加组在W5S、W1W传感器上响应值较高，表明添加大豆蛋白粉后，马铃薯面条中含有更多的氮氧化物、硫化氢等挥发性成分，这些物质与大豆的腥味有关。由此可见，大豆蛋白粉会使马铃薯面条呈现一定程度的豆腥味，对马铃薯面条的风味形成负面影响。而小麦蛋白粉、花生蛋白粉对马铃薯面条风味物质的影响不显著。

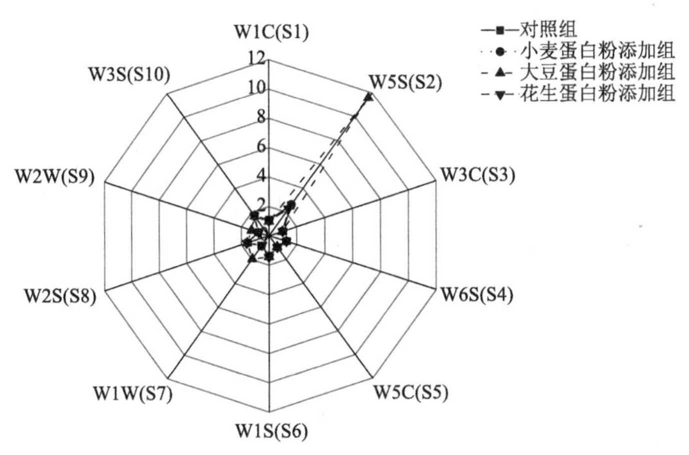

图3-29　添加不同蛋白粉马铃薯面条中挥发性风味成分雷达图

2. 电子鼻检测结果的主成分分析

利用分析软件对电子鼻检测信号数据进行主成分分析（PCA），进一步研究了不同蛋白粉对马铃薯面条挥发性风味成分的影响。主成分分析结果表明，检测结果的前两个主成分（PC1、PC2）累计贡献率达到99.91%（>85%），说明PC1、PC2包含的大量信息足以反映样品的整体信息。从主成分得分图（图3-30）中可以看出，大豆蛋白粉添加组马铃薯面条与其他添加组马铃薯面条相距较远，表明大豆蛋白粉添加组马铃薯面条与另外三组样品的风味差异较大。而小麦蛋白粉添加组和花生蛋白粉添加组马铃薯面条与无添加的对照组相距较近，重叠部分较多。由此可见，小麦蛋白粉和花生蛋白粉对马铃薯面条的挥发性风味成分影响不显著。

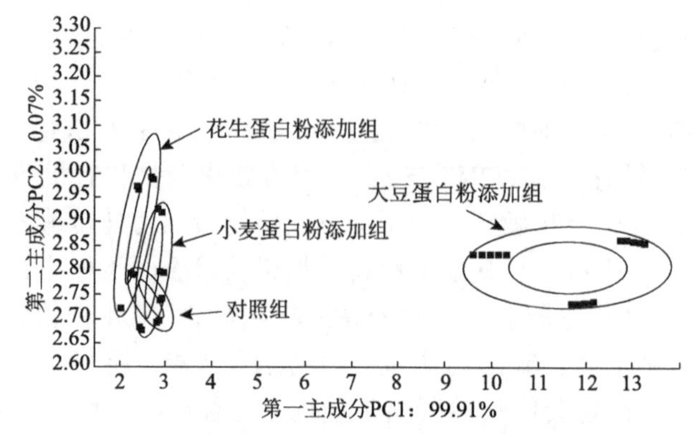

图 3-30 不同蛋白粉添加组马铃薯面条电子鼻检测主成分得分图

3.7.6 不同植物蛋白粉对马铃薯面条微观结构的影响

采用扫描电子显微镜探讨了不同植物蛋白粉对马铃薯面条微观结构的影响，其结果如图 3-31 所示。从图中可以看出，马铃薯面条中蛋白质通过分子间的相互作用形成三维网状结构的骨架，而淀粉颗粒等镶嵌于三维网状结构的空隙中，起到充填面筋网络的作用。不同蛋白粉添加组的面条微观结构存在明显差异，小麦蛋白粉添加组马铃薯面条微观结构较为致密，淀粉颗粒与面筋网络结合较为紧密。而花生蛋白粉添加组与大豆蛋白粉添加组的网络结构较为疏松，淀粉颗粒与面筋网络结合较为松散。其中，花生蛋白粉添加组还可以明显看出面筋网络中存在的较大空隙，面筋网络更加疏松，对淀粉的包裹效果较差，其结果与上述 TPA 质构分析结果一致。这是由于小麦蛋白质中半胱氨酸含量高于花生蛋白质与大豆蛋白质，半胱氨酸中的巯基发生反应生成二硫键促进了网络结构形成。与鲜切面相比，干面条的微观结构可明显看出面条表面发生了龟裂现象，且龟裂多发生在蛋白质与淀粉的接触面。师俊玲等（2000）认为干面条表面的细小龟裂是由热风干燥过程中的水分散失所致。

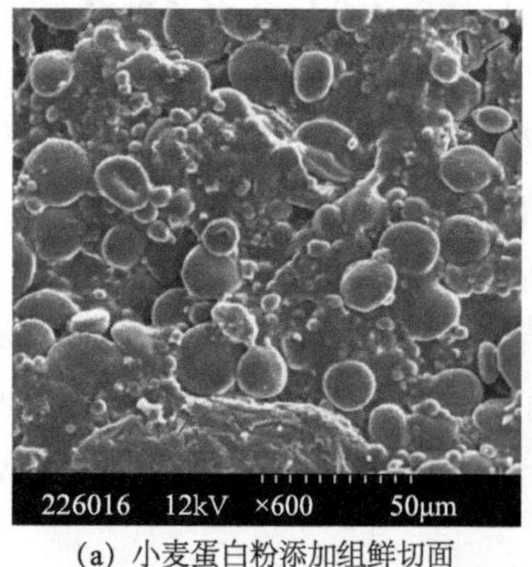

(a) 小麦蛋白粉添加组鲜切面

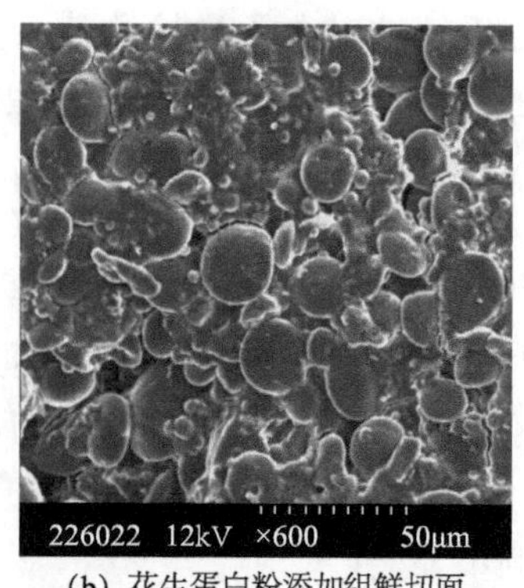

(b) 花生蛋白粉添加组鲜切面

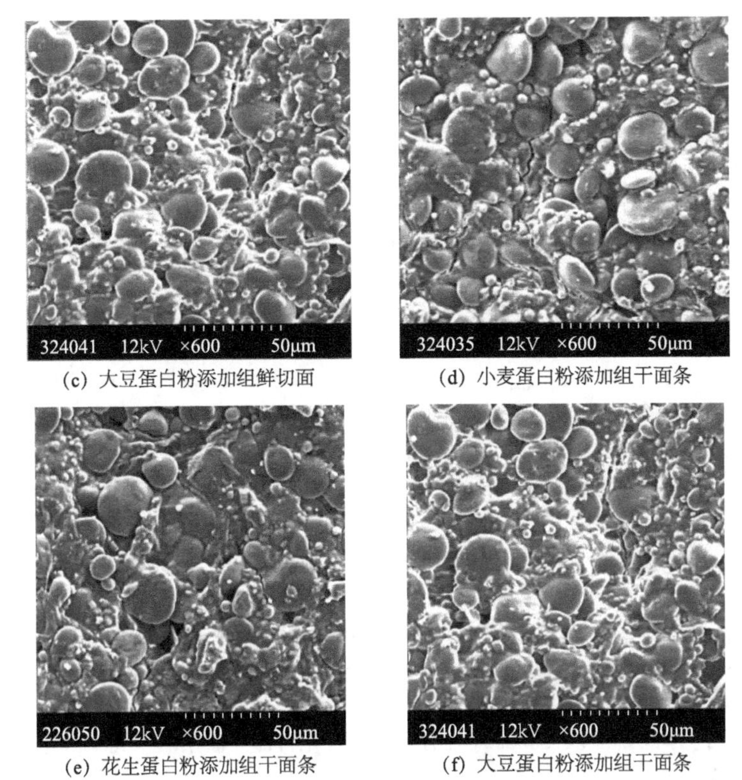

(c) 大豆蛋白粉添加组鲜切面　(d) 小麦蛋白粉添加组干面条

(e) 花生蛋白粉添加组干面条　(f) 大豆蛋白粉添加组干面条

图 3-31　不同植物蛋白粉对马铃薯面条微观结构的影响（放大倍数：600 倍）

综上所述，小麦蛋白粉、花生蛋白粉和大豆蛋白粉均会降低马铃薯面条的 L 值，且随着蛋白粉添加量的增加，马铃薯面条 L 值逐渐降低，但大豆蛋白粉对马铃薯面条亮度值的影响小于小麦蛋白粉和花生蛋白粉。蛋白粉的添加还可显著降低马铃薯面条的蒸煮损失率，添加量达到 4%即可达到良好效果。与大豆蛋白粉和花生蛋白粉相比，小麦蛋白粉可更显著地降低马铃薯面条的蒸煮损失率。蛋白粉的添加可显著增加马铃薯面条的拉伸阻力，使面条更加筋道，且随添加量的增加，拉伸阻力逐渐增大。在三种植物蛋白粉中，小麦蛋白粉对面条拉伸阻力的增强效果最佳，其次为大豆蛋白粉。TPA 质构分析结果表明，蛋白粉的添加可显著提高马铃薯面条的硬度、胶着性和咀嚼性，降低其弹性及黏性。与花生蛋白粉相比，小麦蛋白粉和大豆蛋白粉可更好地改善马铃薯面条的质构特性。电子鼻检测结果显示，大豆蛋白粉添加组马铃薯面条与其他添加组马铃薯面条相距较远，表明大豆蛋白粉添加组马铃薯面条与另外三组样品的风味差异较大，且形成对面条风味的负面影响。而小麦蛋白粉添加组和花生蛋白粉添加组马铃薯面条与对照组风味差异不显著。扫描电子显微镜结果表明，小麦蛋白粉添加组马铃薯面条微观结构较为致密，淀粉颗粒与面筋网络结合较为紧密，空隙率较小。综合以上结果，马铃薯面条中以添加小麦蛋白粉效果最佳。

参 考 文 献

陈东升, Kiribuchi-Otobe C, 徐兆华, 等. 2005. Waxy 蛋白缺失对小麦淀粉特性和中国鲜面条品质的影响. 中国农业科学, 38(5): 865-873.

冯蕾, 李梦琴, 李超然. 2014. SPI 挂面特性与其蛋白质结构特征的相关性. 现代食品科技, 30(1): 55-62.

胡宏海, 张泓, 戴小枫. 2017. 马铃薯营养与健康功能研究现状. 生物产业技术, 4: 31-35.

胡新中, 魏益民, 张国权, 等. 2004. 小麦籽粒蛋白质组分及其与面条品质的关系. 中国农业科学, 37(5): 739-743.

李梅, 田世龙, 程建新, 等. 2015. 应用鲜薯为原料的马铃薯面条加工研究. 农业工程技术农产品加工业, 23: 23-27.

刘颖, 刘丽宅, 于晓红, 等. 2016. 马铃薯全粉对小麦粉及面条品质的影响. 食品工业科技, 24: 163-167.

芦静, 张新忠, 吴新元, 等. 2002. 小麦品质性状与面制食品加工特性相关性研究. 新疆农业科学, 39(5): 290-292.

陆启玉. 2010. 小麦面粉中主要组分对面条特性影响的研究. 广州: 华南理工大学.

师俊玲, 魏益民, 张国权, 等. 2000. 蛋白质和淀粉对面条类制品微观结构的影响. 麦类作物学报, 20(4): 72-74.

宋健民, 刘爱峰, 李豪圣, 等. 2008. 小麦籽粒淀粉理化特性与面条品质关系研究. 中国农业科学, 41(1): 272-279.

孙彩玲, 田纪春, 邓志英, 等. 2008. 糯小麦与普通小麦面粉混配对面团及面条质构特性的影响. 山东农业大学学报, 39(1): 1-6.

孙彩玲, 田纪春, 张永祥. 2007. 质构仪分析法在面条品质评价中的应用. 实验技术与管理, 24(12): 40-43.

唐晓锴, 于卉. 2012. 谷物品质分析专家——Mixolab 混合实验仪. 现代面粉工业, 26(5): 19-22.

王灵昭, 陆启玉, 袁传光. 2003. 用质构仪评价面条质地品质的研究. 河南工业大学学报(自然科学版), 24(3): 29-33.

王晓曦, 雷宏, 曲艺, 等. 2010. 面粉中的淀粉组分对面条蒸煮品质的影响. 河南工业大学学报(自然科学版), 31(2): 24-27.

谢从华. 2012. 马铃薯产业的现状与发展. 华中农业大学学报(社会科学版), 1: 1-4.

徐芬, 胡宏海, 张春江, 等. 2015. 不同蛋白对马铃薯面条食用品质的影响. 现代食品科技, 31(12): 269-276.

杨秀改. 2005. 面筋蛋白与面条品质关系的研究. 郑州: 河南工业大学.

翟耀峰, 张俊, 孟菁, 等. 2005. 浅议如何评价小麦品质. 陕西农业科学, 2: 94-95.

章绍兵, 陆启玉, 吕燕红. 2003. 面条品质与小麦粉成分关系的研究进展. 食品科技, 6: 66-69.

章学澄. 1993. 小麦籽实糊粉层与面粉品质的关系. 粮食与饲料工业, 6: 1-2.

张国权, 魏益民, 欧阳韶晖, 等. 1999. 面粉质量与面条品质关系的研究. 西部粮油科技, 24(4): 39-41.

赵清宇. 2012. 小麦蛋白特性对面条品质的影响. 郑州: 河南工业大学.

Alvani K, Qi X, Tester R F, et al. 2011. Physico-chemical properties of potato starches. Food Chemistry, 125(3): 958-965.

Baxter G, Blanchard C, Zhao J. 2004. Effects of prolamin on the textural and pasting properties of rice flour and starch. Journal of Cereal Science, 40(3): 205-211.

Bleukx W, Brijs K, Torrekens S, et al. 1998. Specificity of a wheat gluten aspartic proteinase. Biochimica Et Biophysica Acta, 1387(1-2): 317-324.

Bucsella B, Takacs A, Vizer V, et al. 2016. Comparison of the effects of different heat treatment processes on rheological properties of cake and bread wheat flours. Food Chemistry, 190: 990-996.

Champenois Y, Rao M A, Walker L P. 1998. Influence of gluten on the viscoelastic properties of starch pastes and gels. Journal of the Science of Food and Agriculture, 78: 119-126.

Dapčević H T, Pajić-Lijaković I, Hadnađev M, et al. 2013. Influence of starch sodium octenyl succinate on rheological behavior of wheat flour dough systems. Food Hydrocolloids, 33(2): 376-383.

Dexter J E, Matsuo R R, Dronzek B L. 1979. A scanning electron microscopy study of Japanese noodles. Cereal Chemistry, 56(3): 202-208.

Don C, Lichtendonk W J, Plijter J J, et al. 2005. The effect of mixing on glutenin particle properties: aggregation factors that affect gluten function in dough. Journal of Cereal Science, 41(1): 69-83.

D'Ovidio R, Masci S. 2004. The low-molecular-weight glutenin subunits of wheat gluten. Journal of Cereal Science, 39(3): 321-339.

Fu Z Q, Che L M, Li D, et al. 2016. Effect of partially gelatinized corn starch on the rheological properties of wheat dough. LWT-Food Science and Technology, 66: 324-331.

Hao C C, Wang L J, Li D, et al. 2008. Influence of alfalfa powder concentration and granularity on rheological properties of alfalfa-wheat dough. Journal of Food Engineering, 89(2): 137-141.

He Z H, Yang J, Zhang Y, et al. 2004. Pan bread and dry white Chinese noodle quality in Chinese winter wheats. Euphytica, 139(3): 257-267.

Huang T T, Zhou D N, Jin Z Y, et al. 2016. Effect of repeated heat-moisture treatments on digestibility, physicochemical and structural properties of sweet potato starch. Food Hydrocolloids, 54: 202-210.

Huang W, Li L, Wang F, et al. 2010. Effects of transglutaminase on the rheological and Mixolab thermomechanical characteristics of oat dough. Food Chemistry, 121(4): 934-939.

Jaspreet S, Narpinder S. 2001. Studies on the morphological, thermal and rheological properties of starch separated from some Indian potato cultivars. Food Chemistry, 75: 67-77.

Jekle M, Mühlberger K, Becker T. 2016. Starch-gluten interactions during gelatinization and its functionality in dough like model systems. Food Hydrocolloids, 54: 196-201.

Joshi M, Aldred P, Panozzo J F, et al. 2014. Rheological and microstructural characteristics of lentil starch-lentil protein composite pastes and gels. Food Hydrocolloids, 35: 226-237.

Kaur L, Singh N, Sodhi N S. 2002. Some properties of potatoes and their starches Ⅱ. Morphological, thermal and rheological properties of starches. Food Chemistry, 79: 183-192.

Kim Y, Kee J I, Lee S, et al. 2014. Quality improvement of rice noodle restructured with rice protein isolate and transglutaminase. Food Chemistry, 145: 409-416.

Lagrain B, Glorieux C, Delcour J A. 2012. Importance of gluten and starch for structural and textural properties of crumb from fresh and stored bread. Food Biophysics, 7(2): 173-181.

Lennart L, Ann-Charlotte E. 1986. Effects of wheat proteins on the viscoelastic properties of starch gels. Journal of the Science of Food and Agriculture, 37(11): 1125-1132.

Liu R, Xing Y, Zhang Y, et al. 2015. Effect of mixing time on the structural characteristics of noodle dough under vacuum. Food Chemistry, 188: 328-336.

Marcoa C, Rosell C M. 2008. Effect of different protein isolates and transglutaminase on rice flour properties. Journal of Food Engineering, 84(1): 132-139.

Meng Y C, Sun M H, Fang S, et al. 2014. Effect of sucrose fatty acid esters on pasting, rheological properties and freeze-thaw stability of rice flour. Food Hydrocolloids, 40: 64-70.

Oh N H, Seib P A, Ward A B, et al. 1985. Noodles. Ⅳ. Influence of flovour protein, extraction rate, partice-size, and starch damage on the quality characteristic of dry noodles. Wheat Chemistry, 62(6): 442-446.

Pu H, Wei J L, Wang L, et al. 2017. Effects of potato/wheat flours ratio on mixing properties of dough and quality of noodles. Journal of Cereal Science, 76: 236-242.

Singh S, Singh N. 2013. Relationship of polymeric proteins and empirical dough rheology with dynamic rheology of dough and gluten from different wheat varieties. Food Hydrocolloids, 33(2): 342-348.

Sun Q, Gong M, Li Y. et al. 2014. Effect of dry heat treatment on the physicochemical properties and structure of proso millet flour and starch. Carbohydrate Polymers, 110: 128-134.

Toyokawa H, Rubenthaler G L, Powers J R, et al. 1989. Japanese noodle qualities. Ⅱ. Starch components. Cereal Chemistry, 66(5): 387-391.

Xu F, Hu H H, Dai X F, et al. 2017. Nutritional compositions of various potato noodles: comparative analysis. International Journal of Agricultural and Biological Engineering, 10(1): 218-225.

Xu F, Hu H H, Liu Q N, et al. 2017. Rheological and microstructural properties of wheat flour dough systems added with potato granules. International Journal of Food Properties, 20(S1): 1145- 1157.

Xu F, Liu W, Huang Y J, et al. 2020. Screening of potato flour varieties suitable for noodle processing. Journal of Food Processing and Preservation, 44: e14344.

Xu F, Liu W, Liu Q N, et al. 2020. Pasting, thermo, and Mixolab thermomechanical properties of potato starch-wheat gluten composite systems. Food Science and Nutrition, 8: 2279-2287.

Yang L, Zhou Y, Wu Y, et al. 2016. Preparation and physicochemical properties of three types of modified glutinous rice starches. Carbohydrate Polymers, 137: 305-313.

Yang Y, Song Y, Zheng Q. 2011. Rheological behaviors of doughs reconstituted from wheat gluten and starch. Journal of Food Science and Technology, 48(4): 489-493.

第4章　马铃薯面条加工工艺技术与装备及生产线

马铃薯面条添加了足量的马铃薯全营养成分，提升了面条的营养品质，但是由于加工中存在黏度大、成型难、干燥难、易断条和易浑汤等技术难题以及加工成本高等问题，需要从复配粉配方、加工工艺、加工装备及生产线等综合因素加以优化，攻克加工中的技术瓶颈。

4.1　马铃薯鲜切面的家庭制作方法

通常所说的鲜切面是指现擀、现压或现切，含水量在35%的新鲜面条。家庭制作手擀面的方法是先将小麦粉和成面团，反复擀压成片，最后切条成型。马铃薯鲜切面是指用马铃薯与小麦粉混合或直接使用市场上销售的马铃薯面条复配粉为原料加工而成的鲜切面。

为了方便家庭自主制作马铃薯鲜切面，可购买马铃薯全粉和优质小麦高筋粉按照 15%～30%的比例混合，或直接购买适合家庭制作的小包装马铃薯面条专用复配粉。马铃薯面条专用复配粉主要由小麦高筋粉、马铃薯全粉及谷朊粉等按比例复配而成，马铃薯全粉的占比一般为 15%～30%[农业行业标准《马铃薯主食产品 分类和术语》（NY/T 3100—2017）规定马铃薯主食中的马铃薯干基占比不得低于 15%]。

家庭采用普通手擀面的方式制作马铃薯面条存在一定难度。当马铃薯面条复配粉中马铃薯全粉的占比为 15%～20%时，家庭可以使用如图 4-1 所示的小型压面机或小型饸饹机来制作马铃薯面条。家庭制作马铃薯面条时要注意加水量，其加水量比小麦粉面条的加水量要略多一些（马铃薯全粉的含水量一般为 8%），和面之后的面团在常温下熟化 2h 以上，再用小型压面机或者小型饸饹机进行制面，效果更佳。

当家庭制作马铃薯全粉占比高（大于 20%）的马铃薯鲜切面时，可采用渐变螺杆式的小型螺杆挤压机（图 4-2）。此挤压机侧面留有面团入口，内部螺杆采用渐变结构，使得螺杆内面团所受的压力逐渐增加，方便面条的成型，同时可提高面条的筋度；面条机机头模具有多种，圆条、宽条、空心和螺旋等，可根据需要更换机头模具；采用立式结构，避免面条在出口处粘连，可固定在餐桌等家具上进行挤压；面条机拆卸、清洗和安装均很方便，适合家庭使用。

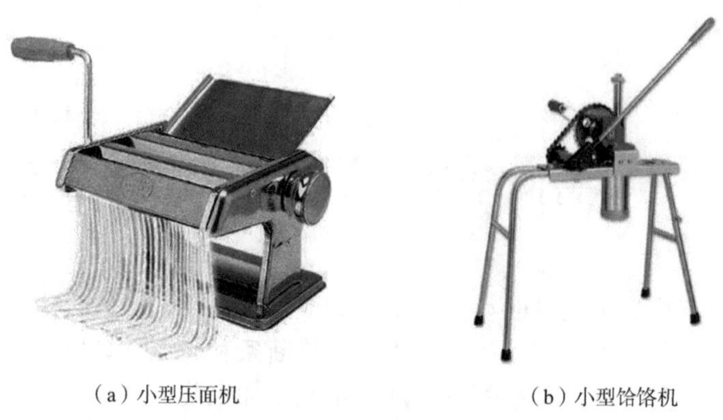

（a）小型压面机　（b）小型饸饹机

图 4-1　小型压面机和小型饸饹机

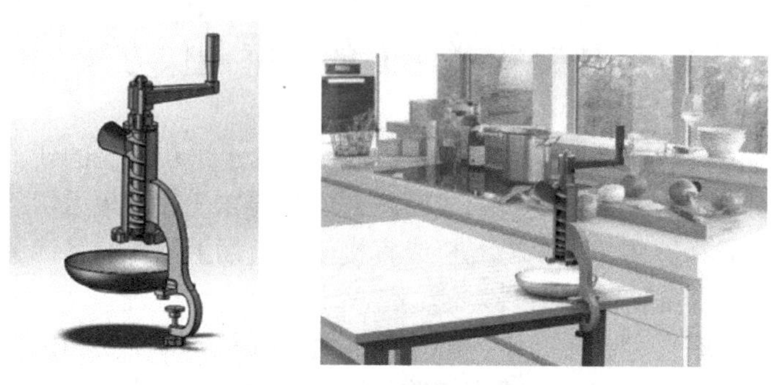

图 4-2　小型螺杆挤压机

4.2　连锁餐饮及大型食堂马铃薯面条制作技术与装备

近年来，随着餐饮业和中央厨房业的成熟发展，经营门店和从事餐饮方面的服务质量不断提高，连锁经营的优势开始充分显现出来。合格的连锁餐饮企业需要有标准化的经营流程，包括原料采购、配送及饮食加工，又必须按照标准化的流程提供标准化的服务，实现合理有序的餐饮服务。对于连锁餐饮店和大型食堂面条餐饮的供应，消费者期待能够吃到如同传统手擀面一样的鲜切面。到目前为止，仍有许多餐馆和食堂采用人工手擀面的方式制面。人工手擀面不仅需要技术，也需要体力，更难实现面条制作的标准化。连锁餐饮店和大型食堂需要在配餐前及时制面，面条必须新鲜。随着劳动力成本的提高，高强度体力的擀面难以通过人工完成。这就要求配置标准化制面设施，且制出的面条如同手擀面一样入口爽滑、口感筋道。目前市场上供应的商业化鲜切面机，仍存在需要配套设备多、设备体积大、占用空间大、劳动强度大、自动化程度低、卫生条件差及面条口感差等问题。而适用于餐馆、饭店、企事业食堂、面馆及个体饮食业制作接近手擀面的小型面条机较少。此外，鲜切面的制面店铺多为作坊式加工，且与传统手擀面的品质相差甚远，不能满足餐饮连锁店和大型食堂的需求。为此，这里介绍几种能满足餐饮连锁店和大型食堂制作马铃薯鲜切面的一体化仿生擀面机和一体化螺杆挤面机，以及鲜切面的保鲜技术。

4.2.1　一体化仿生擀面机及其擀面技术

手擀面早已成为人们普遍青睐的传统面食，但是人工擀面需要经过技术训练，费力、费工、费时，且难以实现标准化。一体化仿生擀面技术与装备，完全模仿和优化手擀面的传统工艺，从面条复配粉的混合、和面、压面、醒面、擀面到切面，集传统制面工艺于一体，擀出的面条真如手擀，且大大降低劳动强度。

1. 一体化仿生擀面机

一体化仿生擀面机主要由和面、压面、擀面、切面和数字化自动控制触摸屏等部分组成（图 4-3），具有设备结构紧凑、占用空间小且擀面标准化，操作简便、节省人力，适合现擀、现煮等特点。

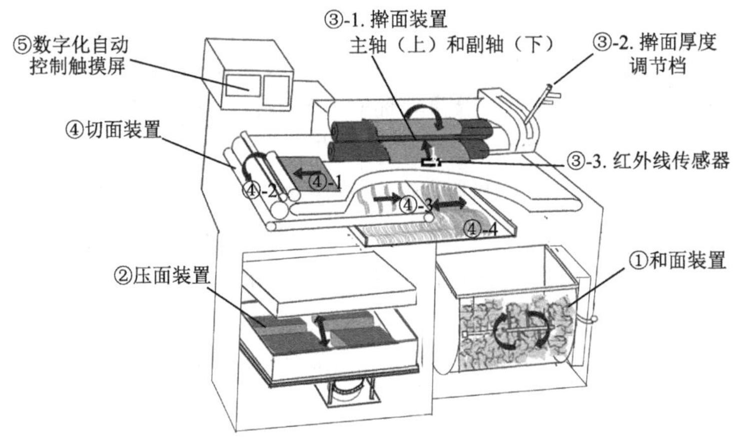

图 4-3　一体化仿生擀面机各功能组成部分

1）和面装置

和面装置设置在一体化仿生擀面机的右下方，它由和面料仓、搅拌轴杆、料仓盖、操作柄及安全装置所组成（图 4-3 中①），具有混合粉料和和面搅拌的双重功能。和面料仓可以向前平行拉出，以便倒入复配粉等物料。仓体拉出后，仓口还可以向前下方倾斜，以便倒出和好的面絮；和面料仓上设有透明盖，盖体上方凹下成长方形凹槽，凹槽的底端均匀分布直径为 2mm 左右的开孔。和面前将和面用水倒入凹槽内，水均匀而缓慢地滴入到和面料仓内，与处于搅拌中的面粉均匀混合，使和成的面絮颗粒细小，吸水均匀。人眼透过透明盖可以观察到和面时的搅拌状态。和面料仓操作柄用于拉出和推进和面料仓及使其倾斜。和面料仓内设置有旋转搅拌轴杆，用于混合原料粉及和面时进行搅拌。安全装置配置有红外传感器，位于和面料仓右外侧，当面粉倒入料仓内盖子盖下后红外传感器接受感应，搅拌轴的电机方可启动，避免在搅拌过程中人手不慎伸入仓内，造成事故。

2）压面装置

压面装置设置在一体化仿生擀面机的左下方，它由压面盘、液压系统和压面板等部分组成（图 4-3 中②）。压面盘是一个由不锈钢做成、顶部敞开的外壳，压面箱前端装有把柄，可拉出或推入。液压系统位于压面盘下方，与压面盘直接连接。液压系统带动压面盘可上下升降，当液压系统上升到规定高度达到足够压力后，液压系统自动下降。压面时，将需要压的面絮或面块放入压面盘内，其上放置长宽尺寸略小于压面盘的压面板。液压系统启动后将压面盘向上顶压，压面板从压面盘上方逐渐平行进入压面盘盘内对被压面絮或面块形成强大压力。当达到一定压力后，液压系统下降，取出压好的面块。压面装置可提供 $8kg/cm^2$ 的强大压力压制面絮或面团，非手工所能达到。这样强大的机械压力，可以促进马铃薯面团的面筋网络和淀粉形成如同钢筋与水泥一样的格局。

3）擀面装置

擀面装置设置在一体化仿生擀面机的最上方，它由擀面驱动电机及传动系统、擀面主轴（转动，位于上方），擀面副轴（不转动，位于下方）（图 4-3 中③-1）、擀面厚度调节档（图 4-3 中③-2）及红外线传感器（图 4-3 中③-3）等部分组成。其中，擀面副轴的上面与送面平板处于同一平面上。擀面厚度调节档主要由操作杆和内藏的锯齿部分构成。锯齿部分用来调节擀面主轴和擀面副轴之间的距离。齿锯越宽，擀面主轴与擀面副轴之间的距离越大，面片的厚度也越厚，反则反之。厚度调节的档位设计有 8～16 档不等。擀面装置的擀面轴表面光滑且直径精度极高，保证擀压的面片薄厚一致而光滑。擀压面片的薄厚可通过红外线传感器进行监测。

4）切面装置

切面装置设置在一体化仿生擀面机的中部左侧，它由面片传送板（图 4-3 中④-1）、切刀（图 4-3 中④-2）、切面输送板（图 4-3 中④-3）、切面承接托盘（图 4-3 中④-4）及驱动电机等部分组成。自动控制部分控制面片向前的传送速度及切刀的抬起和下落。切刀切面的频率恒定，但是传送面片速度可调。传送速度快，则切面的幅度宽，传送速度慢，则切面的幅度窄。

这种模拟传统大刀的切面方法，切面宽窄在一定范围可任意调节而不需要更换刀具。因此，通过控制擀面时面片的薄厚及切面时传送面片的速度，达到获得不同薄厚和不同宽窄的鲜切面。切面输送板的传送带反复伸出和收回，将切出的面条均匀地叠放在切面承接托盘上。

5）数字化自动控制触摸屏

数字化自动控制触摸屏设置在一体化仿生擀面机的左上方，用于操控和面、擀面、压面、切面及传送装置的电机、调节切面的幅度等（图 4-3 中⑤）。

2. 恒温恒湿醒面箱

恒温恒湿醒面箱主要由箱体、加热系统、制冷系统、空气循环系统、湿度控制系统、醒面托盘架及电控箱等部分组成（图 4-4）。

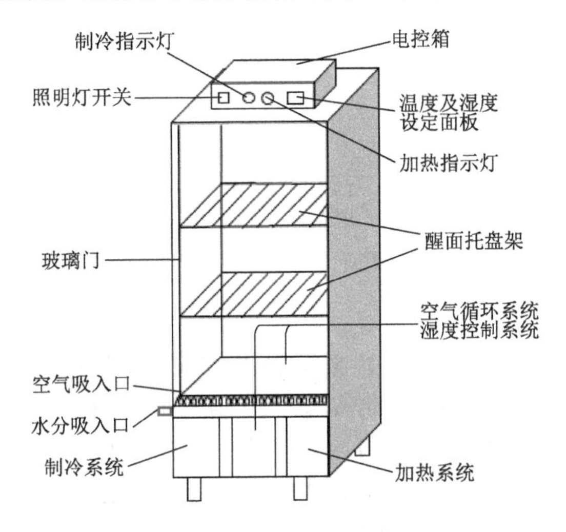

图 4-4　恒温恒湿醒面箱示意图

恒温恒湿醒面箱是全自动无人值守的面絮和面团共用醒面装置。它可以在各个时段一定范围内精确设定醒面的温度和湿度值，操作简单、方便实用。通过温度设定面板设置适当的温度和时间，由电控箱控制制冷系统和加热系统切换和运转：当醒面箱内的温度高于设定温度值时，加热系统停止工作、制冷系统开始运行；当醒面箱内的温度低于设定温度值时，制冷系统停止工作、加热系统开始运行。通过湿度设定面板设置适当的湿度和时间，由电控箱控制加湿器的运转：当醒面箱内的湿度低于设定湿度值时，加湿器开始运行；当醒面箱内的湿度达到设定湿度值时，加湿器停止运行。空气循环系统可促进醒面箱内的温度和湿度的均匀传导，具有充分利用制冷和加热系统产生的冷热量，减少冷热量传输过程的损耗，保持醒面室内温度和湿度调节快速精确、均匀恒定。具有加热、制冷和保湿多重功能的恒温恒湿醒面箱使得箱内在不同季节其温度和湿度保持一致，面絮或面团达到充分而均匀醒面熟化，有利于形成有序的面筋组织。

3. 一体化仿生擀面工艺技术及制作要点

一体化仿生擀面技术结合恒温恒湿醒面技术，形成一套独特的标准化擀面工艺，解决了马铃薯面团黏度大、面条成型难等技术瓶颈。

1）工艺流程

利用一体化仿生擀面技术制作马铃薯鲜切面的工艺流程如图 4-5 所示。

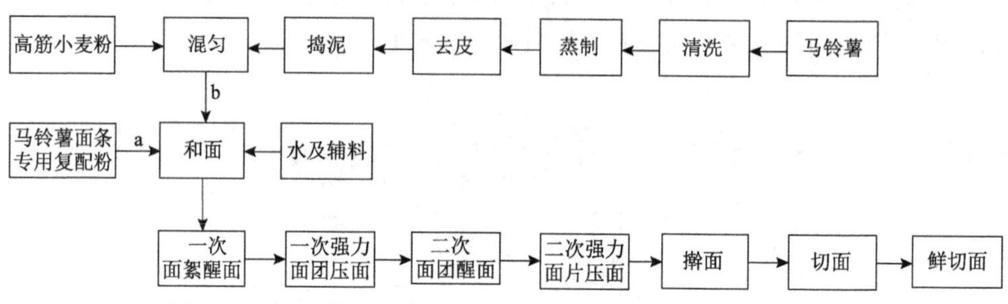

图 4-5 利用一体化仿生擀面技术制作马铃薯鲜切面的工艺流程

2）制作要点

（1）原料：马铃薯鲜切面可以直接利用市场上销售的马铃薯面条专用复配粉（图 4-5 中 a），或将马铃薯制成薯泥，与高筋小麦粉按照一定比例混合使用（图 4-5 中 b）。必要时加入适量的谷朊粉或蛋清粉及其他辅料。

（2）和面：在一体化仿生擀面机数控触摸屏上设定和面搅拌的转速和时间，和面时间一般设定为 3～8min。将配好的原料粉置入和面装置中先搅拌均匀，再将称量好的食盐加入水中溶解，水（用薯泥和面时加水量要减少或不需要加水）从和面料仓的加水盖孔缓慢分次加入到复配粉中，启动和面电机按钮搅拌和面，形成 1～2cm 的小颗粒面絮。和面结束，倾斜和面料仓，仓口向下，将面絮倒入容器中。

（3）一次面絮醒面：将分散的面絮装入封闭容器或塑料袋中在 26～28℃、相对湿度为 80%～85%的恒温恒湿醒面箱中醒面 2～3h。

（4）一次强力面团压面：将熟化的面絮（已经结块）按批量放入压面装置的压面盘内，加盖压面板，启动压面液压系统，在强大的压力作用下，面絮在压面盘中被压成块状。此时液压系统下降，将面团对折后，再进行压面。反复 2～3 次，压成块状面团（图 4-6）。

(a) 面絮结块状态

(b) 压面

(c) 对折压面

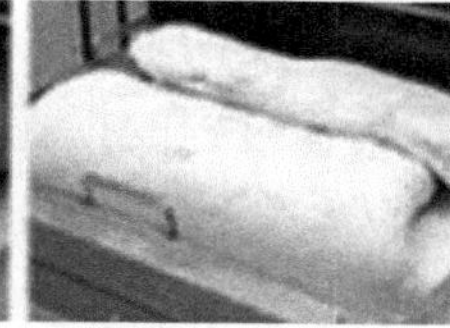

(d) 换90°方向再对折压面

图 4-6 一次强力面团压面过程

（5）二次面团醒面：将块状面团放置在26～28℃、湿度75%～85%的恒温恒湿醒面箱中醒面2～3h或以上。

（6）二次强力面块压面：将二次醒好的面团放入压面装置内强力压制成方形或长方形片状面块，片状面块长宽尺寸范围为15～25cm，厚度不超过2～3cm（图4-7）。

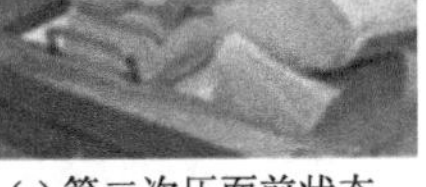

(a) 第二次压面前状态　　(b) 第二次压面后状态

图4-7　二次强力面块压面过程

（7）擀面：将压好的面片在擀面装置上擀面，每擀一次，用擀面厚度调节档将擀面轴之间的缝隙缩窄一个档。最初2～3次每擀一次，将面片方向旋转90°。擀面过程中如同手擀面一样，撒入干面粉防止粘连，直至擀到需要的薄厚。面片的薄厚可直接在红外线传感器的数字显示器上读出。

（8）切面：在擀好的面片上均匀撒上干面粉，然后在数字化自动触摸屏上调节切面幅度（幅度在1～10mm范围内任意设定），切成设定幅度宽窄的面条。切出的鲜切面被整齐地摆放在托盘上（图4-8）。

图4-8　一体化仿生擀面机擀出的马铃薯面条

利用一体化仿生擀面机制作的马铃薯鲜切面，无论经煮制、蒸制或炒制，上桌的面条晶莹、剔透、爽滑、筋道，让人回味悠长。

4. 一体化仿生擀面工艺技术优势与手工擀面的对比

为什么说一体化仿生擀面的品质要优于手工擀面呢？可以从以下几个方面进行对比分析。

1）和面

手工擀面在和面时用水量根据经验判断，手工无法使面粉与水拌得十分均匀，加水量也不恒定，和成的面絮大小不一，造成面絮的吸水不均匀。采用一体化仿生擀面机和面，明确加水量和搅拌速率及时间，可以实现马铃薯复配粉与辅料及水分充分混合，在短时间内使粉体和确定的水量均匀水合，面絮的大小和吸水量完全一致（图 4-9）。

(a) 手工擀面

(b) 一体化仿生擀面机

图 4-9　手工擀面与一体化仿生擀面机的和面比较

2）一次面絮醒面

对比一次面絮醒面熟化，手工擀面难形成小而均匀的面絮，因此一般不进行第一次面絮醒面。一体化仿生擀面机和面时首先形成小而均匀的面絮，利用恒温恒湿醒面箱，将面絮在 26～28℃的条件下醒面熟化 2～3h，促进马铃薯复配粉与水的进一步水合，有利于面筋网络的有序形成。

3）一次强力面团压面

手工擀面由于不经过第一次面絮醒面，面团的黏性尚低，靠人手的力气无法将马铃薯面团揉匀，面团切面能看到有空隙。一体化仿生擀面机依据面团状态、温度和加水条件，施加合适而均一的压力，使面团切面紧实度一致，内部形成有序的面筋组织，面团的弹性大大增强。手工揉面和强力压面导致面筋结构上的显著差异，可利用激光共聚焦显微镜观察（图 4-10），对比二者的面筋蛋白网络结构（红色部分），手工面团中的面筋没有形成有序结构，而一体化仿生擀面机经强力压面形成的面筋组织有序分布，与淀粉（绿色部分）均匀交替排列。

4）二次面团醒面

手工擀面和成的面团，一般放置在一个简单容器内在室温下醒面，因季节和湿度的不同醒面的效果差异很大，可能造成面团表面干燥、醒面不均匀等问题。醒面的状态也只能通过经验触摸感受面团的软硬程度结束醒面时间。而一体化仿生擀面技术一次压面形成的面团直接置入恒温恒湿醒面箱进行二次醒面熟化，确定的湿度、温度和时间条件不受温湿度和季节的影响，面团内有序的面筋结构进一步稳定（图 4-11）。

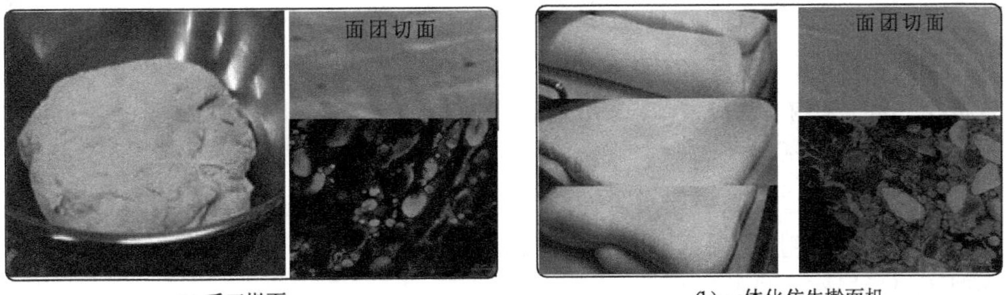

(a) 手工擀面　　(b) 一体化仿生擀面机

图 4-10　手工擀面与一体化仿生擀面机的一次压面面团的比较

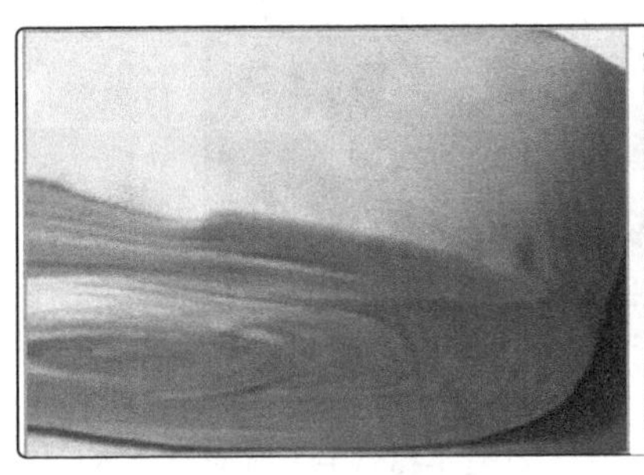
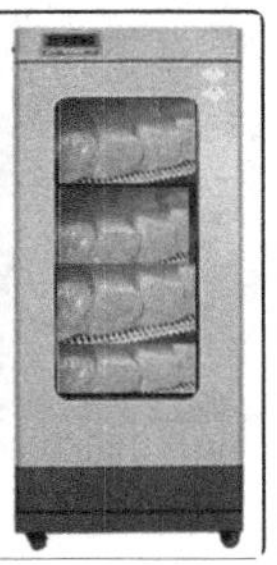

(a) 手工擀面　　(b) 一体化仿生擀面机

图 4-11　手工擀面与一体化仿生擀面机的二次面团醒面的比较

5）二次强力面块压面

手擀面需将面团用擀面杖向四周擀面，压擀的力量有限，面团受力不均匀，可能会破坏已经形成的面筋组织结构。一体化仿生擀面技术将二次醒好的面团放入压面装置内，均匀强力压制成方形或长方形片状面块，面块厚度一致，不会破坏面筋网络结构（图 4-12）。

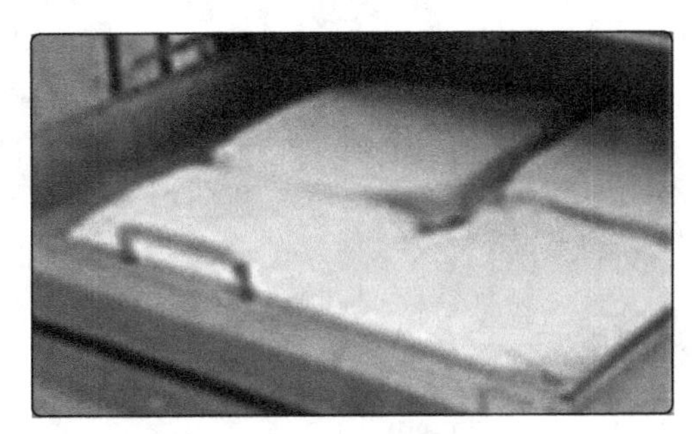

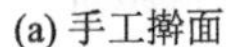

(a) 手工擀面　　(b) 一体化仿生擀面机

图 4-12　手工擀面与一体化仿生擀面机的二次面块压面的比较

6）擀面

手工擀面需要用力，但用力不均匀。虽然可以向不同方向擀面，但纵横走向不恒定，面片的不同区域往往会出现薄厚不均匀的现象，擀出的面片形状也不规则。而一体化仿生擀面机上下左右延展压力平衡，不损伤面筋组织。渐次调整擀面厚度档，面片逐渐被均匀擀薄，面片的厚度由红外线传感器实时检测并显示数值，根据数值确定擀面厚度进行到哪一档，擀薄的面片呈规则的长方形（图 4-13）。同时不消耗操作人员的体力。

(a) 手工擀面

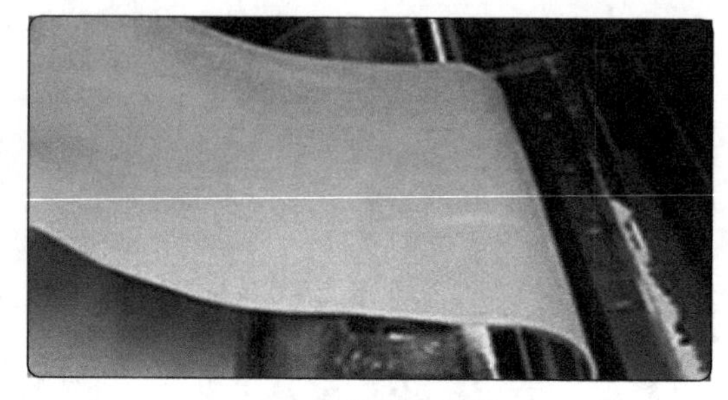

(b) 一体化仿生擀面机

图 4-13　手工擀面与一体化仿生擀面机擀面的比较

7）切面

切面部分也存在差异。手工切面幅度无法严格控制，而且有时面条可能没有完全切断，由于手工切面还需要将面片反复折叠后切面，切刀用力重的位置面条可能会粘连。而一体化仿生擀面机在一张舒展的面片上切面，面条不会发生粘连。同时严格按照设定的面条幅度切面，面条宽度在一定范围可以任意调整，切好的面条由传送带整齐地传送到托盘上（图 4-14）。

(a) 手工擀面

(b) 一体化仿生擀面机

图 4-14　手工擀面与一体化仿生擀面机切面的比较

由此可见，为了尽可能地提高马铃薯面条的筋道和韧性，面团要反复醒面和揉压，但是单靠人工揉面力量远远不足。一体化自动擀面机可以完全模仿手擀面的传统工艺，从复配粉的混合、和面、醒面、压面、擀面到切面一体化，实现全程标准化工艺。从复配粉混合到擀成面条需要两次长时间恒温醒面，两次强力压面，形成有序的面筋组织，使马铃薯面条爽滑而富有筋力，实现传统手擀面的完美再现。

4.2.2　一体化螺杆挤面机及其制面技术

以延压方式制作马铃薯面条时，马铃薯干物质的占比通常不超过 35%。如果超过 35%的占比时，马铃薯的原料需要更换为生全粉，以降低面团黏度，克服制面难度；或者采用其他制面方式，适应低面筋面团的面条制作。挤压技术是制作高占比马铃薯面条的有效手段。适合连锁餐饮店或大型食堂制作马铃薯挤压面的设备有中小型的一体化螺杆挤面机。

1. 一体化螺杆挤面机

一体化螺杆挤面机主要由和面、真空系统、螺杆挤压、成型和自动控制系统五部分组成（图 4-15）。和面装置配置了真空功能，真空和面制作的马铃薯面条，口感光滑、透明度高、弹性好。真空和面形成的面团经过螺杆挤压，使得面团结构紧实，淀粉和蛋白质发生物理变性，利于低面筋面团的后续成型。挤出头孔可设计为多种形状，可制成如空心面、螺丝面、圆条面（横切面圆形）和扁条面（横切面扁圆形），以及各种数字或字母图案，使挤压面面条截面形状更加多样化，更富有趣味性。

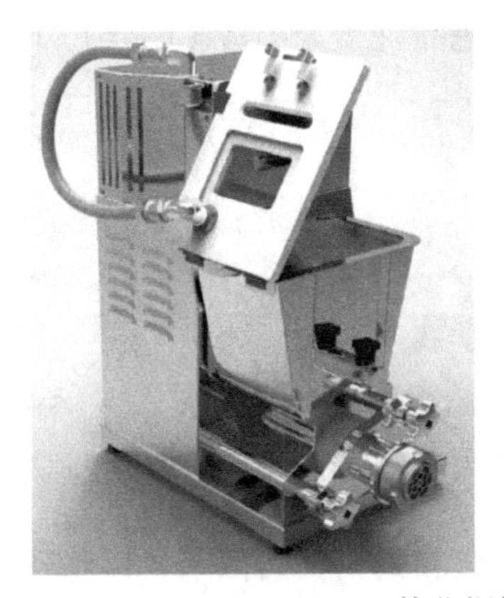

挤出模具头形状

图 4-15　一体化螺杆挤面机

一体化螺杆挤面机将和面、螺杆挤压和面条成型集合在一件设备上，占地面积小，控制系统程序简单，一人操作即可。

2. 马铃薯面条挤压技术要点及工艺流程

一体化螺杆挤面技术与装备除可用于小麦粉与马铃薯复配粉（图 4-16 中 a）的低面筋面条，也可以用于玉米粉、荞麦等杂粮粉与马铃薯复配的无面筋（无麸质）面条的制作；复配粉中的马铃薯可使用马铃薯熟全粉、生全粉，或直接用鲜薯泥和面（图 4-16 中 b）；和面时还可以适量添加蔬菜汁（图 4-16 中 c）。挤出的鲜湿挤压面可现挤现煮，也可以干燥后包装，长时间使用。马铃薯面条一体化螺杆挤面技术工艺流程如图 4-16 所示。

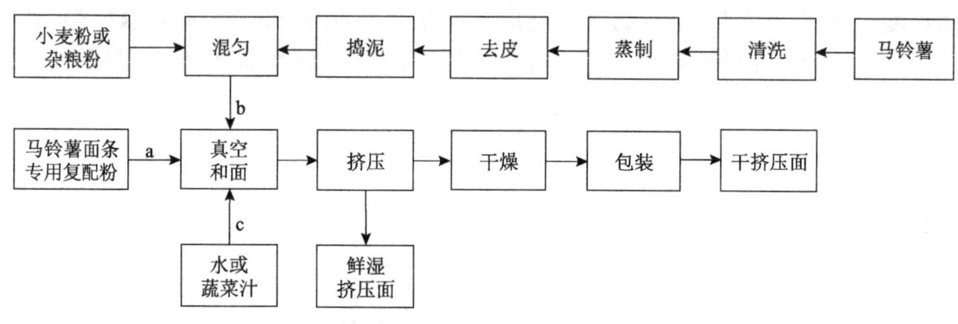

图 4-16　一体化螺杆挤压马铃薯面条的技术工艺流程

挤压的马铃薯面条可满足连锁餐饮店、宾馆饭店、大型食堂和中央厨房连锁面条餐饮等加工需求。其中，无面筋食材的面条，如马铃薯与玉米及各种杂粮，包括莜麦、荞麦、小米、杂豆等复配制的马铃薯面条，更适合小麦过敏症、肥胖症、糖尿病或女性瘦身人群食用，花色品种十分丰富（图 4-17）。

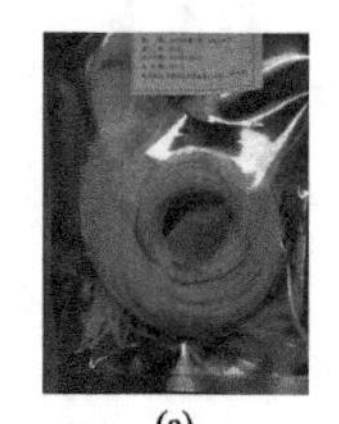

(a) 马铃薯圆面条（鲜）

(b) 马铃薯扁面条（鲜）

(c) 马铃薯螺丝面（鲜）

(d) 马铃薯空心面（鲜）

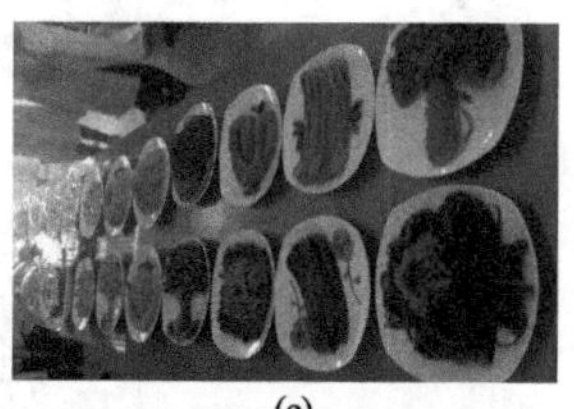

(e) 马铃薯蔬菜面条（鲜）

图 4-17　各类食材复配的马铃薯挤压鲜面条

通过此螺杆挤压方式加工的各类食材的马铃薯面条，口感光滑、弹性好、有嚼劲，解决了低面筋或无面筋面条难成型的技术难题，马铃薯干物质占比也可提高到 55%或更高，营养更加全面丰富。

4.2.3 鲜切面的保鲜与储存

利用上述技术制作的马铃薯面条为鲜切面，由于其含水量一般在 35%左右，其特点是新鲜、筋道、爽滑、口感好，更受消费者的青睐。因此，中央厨房连锁餐饮或大型食堂制作的鲜切面大多为现做现食。但是由于向连锁店配送需要时间和增加成本，或食堂每天频繁制面费工费时，常采用鲜切面预制后在数天内食用。然而预制鲜切面的保存遇到的最大问题就是储存过程中品质的劣变问题。

鲜切面在储存过程中的品质劣变主要是水分活度过高容易造成微生物的繁殖和氧化作用发生色泽变化，造成品质下降甚至变质。因此，防止微生物的污染和能起到阻隔氧气的包装对延长鲜切面货架期十分重要。目前鲜切面保鲜的主要方法有添加化学保鲜剂、物理辐照、气调包装和冷链储存等，以及上述方法的综合使用。

1. 添加化学保鲜剂

添加化学保鲜剂是延长鲜切面保质期的常用手段。鲜切面使用的化学保鲜剂主要分为单一保鲜剂、天然保鲜剂和复合保鲜剂三类。

1）单一保鲜剂

常用的单一保鲜剂主要有乙醇、双乙酸钠、丙二醇、山梨酸钾和单辛酸甘油酯等。其中，食用乙醇处理是目前应用最为广泛的保藏方法。具体是在包装之前用食用乙醇表面喷涂，或在包装物内加入可缓慢释放食用乙醇的消毒包。由于乙醇极易挥发，无论采用表面喷涂还是加入乙醇消毒包，在打开面条包装后以及在蒸煮过程中乙醇都会快速挥发。

2）天然保鲜剂

常用于鲜切面保鲜的天然保鲜剂包括乳酸链球菌素、纳他霉素、溶菌酶、聚赖氨酸、壳聚糖、植物提取物或一些中草药提取物等。

3）复合保鲜剂

复合保鲜剂是将几种化学保鲜剂或化学和天然保鲜剂按一定比例组合使用，这样克服了单一保鲜剂抗菌谱窄、针对性强和防腐期短的缺点，可以有效增强保鲜剂的抑菌能力。

2. 物理辐照技术

化学保鲜剂虽然保鲜效果显著，但是随着消费者健康意识的增强，添加剂越来越不被人们所接受。为了避免在鲜切面中添加保鲜剂，提高鲜切面的安全性，物理辐照技术在鲜切面保鲜方面的应用越来越多。

辐照保鲜原理是鲜切面包装后对包装物进行紫外线、γ 射线的辐照，微生物的结构发生一系列物理、化学反应，其新陈代谢、生长发育受到抑制或破坏，从而达到抑制繁殖、杀灭，保持食品鲜度和卫生、延长货架期的目的。辐照处理过程中食品内部的温度变化较小，可最大限度地减少营养物质的损失。

3. 气调包装

气调包装保鲜指在一定条件下改善包装内的气体环境，从而抑制或延缓产品中微生物的繁殖和产品的氧化变色。

1）包装材料

保持气体环境的包装材料需要有一定的阻隔性。包装材料的阻隔性指的是阻止小分子透过的性能，其中的小分子既包括阻隔外界 O_2 等气体分子进入包装内部，也可阻止包装内部的水蒸气、N_2、CO_2 及香气等向外散失。

鲜切面常用的包装形式为塑料软包装，常见的为聚乙烯（PE）和聚丙烯（PP）等非极性高分子材料，具有良好的水蒸气阻隔性，但气体阻隔性较差，不宜用作阻隔材料。同理，极性较好的乙烯-乙烯醇共聚物（EVOH）、聚偏二氯乙烯（PVDC）、聚萘二甲酸乙二醇酯（PEN）、聚乙烯醇（PVA）、聚对苯二甲酸乙二醇酯（PET）和聚酰胺（polyamide，PA）等聚合物材料则对 O_2、CO_2 和 N_2 等气体具有良好的阻隔性，但对水蒸气的阻隔性较差。

不同种类、不同结构的包装材料除了阻隔性不同外，成本和使用条件等也有显著差异。因此，在选择食品包装材料时，应从所包装食品的特点、品质要求、预期保质期、储运条件和成本控制等方面加以综合考虑。

2）包装方式

气调包装技术是最常见的保鲜包装方式，其原理是选择阻隔性好的包装材料，以改变包装物的真空度，以不同于大气组成或浓度的单一或混合气体替换包装物内部的空气，以此来抑制或延缓微生物的生长和产品的氧化变质，从而延长食品的保质期。气调包装主要分为真空包装、减压包装和气体置换包装三大类。其中，真空包装会造成面条挤压变形，一般不适合鲜切面的包装。减压包装实际上是从袋内抽出部分空气，同时减少氧气的含量。而最有效的方式是气体置换包装，即先将袋内的空气全部抽出，然后置入 N_2 或与 CO_2 的混合气体，达到隔离氧气的目的。

如果不采用气调包装的方式，则需要在包装袋内加脱氧剂。

4. 冷藏保鲜

单纯的化学、物理方法或气调包装很难达到良好的效果，需结合冷藏储运达到保鲜的目的。一般来说，食品在恒定水分活度的条件下，在一定温度范围内（如10～38℃），温度每升高 10℃，其霉腐反应速率将加快 4～6 倍。因此，选择合适的储运温度对抑制微生物的繁殖十分重要。因此，鲜切面通常是经过化学或物理方法处理，或经过气调包装后，在 4～10℃的冷链条件下储运，通常可达到 5～

7 天的货架期。如果采用冰温保存，即在–1～1℃条件下储运，与 4～10℃下相比，货架期可延长 2 倍。

4.3 马铃薯-小麦粉挂面的加工技术与生产线

马铃薯与小麦粉复配制作的面条作为大众消费产品，需求量大，流通面广，要求货架期长。因此，如同挂面一样的马铃薯干燥面条才能适应市场需求。规模化的马铃薯-小麦粉挂面（以下称为马铃薯挂面）加工需要通过自动化、连续化的工业化方式进行生产。

4.3.1 原料复配与输送

为提高生产效率，马铃薯挂面加工所使用的马铃薯原料多为马铃薯全粉。马铃薯全粉与小麦粉等原料的复配及复配粉的输送是挂面加工过程的第一步，是保证整个挂面生产过程顺利流畅的重要环节。马铃薯全粉和小麦粉复配后，复配粉中的总面筋含量会下降，所以要视小麦粉的面筋含量适当增加谷朊粉等以增加复配粉的总面筋含量。因此，马铃薯挂面的复配粉需要由多种粉料按比例混合复配。

传统的复配和供粉输送系统采用的是人工操作，而且由于原料均为大袋包装，复配、供粉量都是根据一定单位时间内投入原料粉的袋数计量。但由于人工操作存在人力成本太高、食品质量安全难以控制及工作效率难以提高等诸多弊端，挂面加工现代技术的复配、输送方式已被自动化系统所代替。自动化复配和输送系统将储料仓中的各种原料粉分别通过绞龙或压运系统输送到缓存仓，然后进入计重秤，称量后经过振动筛，除去原料粉中可能存在的杂质异物，再进入混合机，几种原料粉均匀混合复配后，由气体输送系统输送至和面机（图 4-18）。

图 4-18 马铃薯复配粉的自动复配与输送系统

自动化原料复配与输送具有如下特点。

1）自控系统

挂面自动生产线的整个生产过程中的控制采用可编程序控制器（PLC）控制技术，大大降低生产人员的投入，提高生产效率和经济效益。在整个自控系统中，原料粉混合复配和气体输送实现无人自动化管理和在线监测，有效保证生产线的连续化运转。

2）精准供料

减料式配料计量秤通常用于挂面生产中对物料进行精确称量，当秤内所存物料低于最低限定值时，控制系统自动启动正压输运系统和喂料绞龙对减料式配料计量秤供料。当秤内物料质量达到所设定的质量时，控制系统通过控制喂料绞龙的启停为缓存仓供料，直到缓存仓内物料达到设定值，缓存仓高料位器报警，并将高料位信号传输给控制系统，控制系统自动停止正压输运系统。经过一段时间的下料，减重秤内物料低于最低限定值时，控制系统重复以上供料动作。在整个PLC系统的控制下，准确、稳定地为加工用粉点提供原料，大大提高了工作效率。

3）高效运行

不同的原料仓可存放不同品种的原料粉。根据生产需要，通过调节变频喂料绞龙的频率，以达到复配粉复配的目的，可保证复配粉质量的稳定，使生产更加灵活、方便、可操作性强。

4）质量安全

原料粉混合和气体输送系统具有设备体积小、管道分布灵活、输送效率高、运行成本低等优点，且整个输送过程均在密闭空间内进行，减少了外界环境对物料的污染，避免粉尘向车间空间扩散。复配粉在进入和面机之前必须经过筛分，以防止面粉结块、害虫污染食品原料，也可防止人为因素引入的线头等异物，保证复配粉品质和食品安全。在原料仓和缓存仓之间设置沙克龙通过布袋收集粉尘，大大改善了工作环境，防止粉尘爆炸，符合粉类原料加工安全要求。同时，各设备设置有急停开关，保证工作人员的人身安全。

此外，在实际生产中，通常在运用自动负压输送系统的同时，备用人工投料操作，作为自动供粉系统故障时的补救措施，以保证挂面生产用粉的不间断供应。

4.3.2 真空和面

真空和面是在真空状态下进行和面，它可以使面粉内部的蛋白质分子和淀粉分子在短时间内充分吸收水分，防止因蛋白质的竞争性吸水作用影响“钢筋水泥”式面筋网络结构的形成。

真空和面机主要有立式和卧式两种类型（图4-19），可根据和面车间和生产线配置需要进行选择。搅拌的方式多为二轴式，搅拌的速度可以设置多阶段变速形式；和面的效率取决于搅拌的空间大小；一般真空度为 0.5～0.7mPa 最佳，过高的真空度可能会导致面筋的过度形成与破坏，同时对设备的要求也较高，增加生产能耗。

(a) 卧式真空和面机
（二轴式，混合效率高；全自动3段变速）

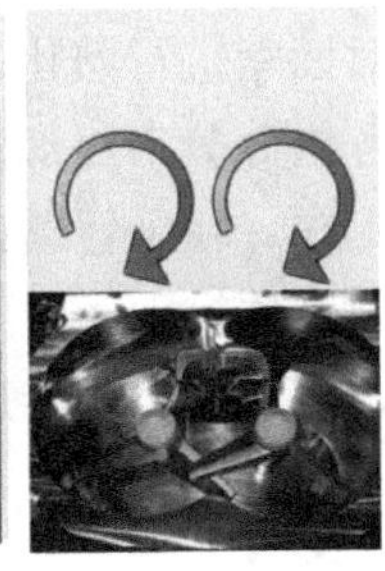

(b) 立式真空和面机
（二轴式，搅拌面积大，混合均匀）

图 4-19　两种形式的真空和面机

在马铃薯挂面的实际生产中多使用真空双盖和面机。和面时有高速和低速搅拌两个阶段，高速搅拌使复配粉在真空负压条件下先均匀充分吸水，形成最佳的面筋组织，再在低速搅拌中混匀，防止对已形成面筋组织的破坏。通过 PLC 控制技术控制，与批量式减重秤、定量罐配合使用，可实现“一键式”完成和面作业，操作简单、方便，减少人工投入。

真空和面具有如下优点。

1）可以提高面条的光泽

真空和面可以抽走和面缸和复配粉中的空气，使整个和面过程在密闭和低氧的环境中进行，大大抑制了复配粉中多酚氧化酶的活性，降低了酚类及蛋白质等物质发生氧化的可能性，从而较大程度地降低面团褐变，增加面条的透亮感，改善其光泽。

2）提高煮制后面条的口感和拉伸强度

真空和面形成的面筋结构更加致密，密度增大，煮面时水分子渗透较慢，做成的面条耐煮，煮后的面条筋道，食用口感好。

3）降低面条的蒸煮损失

真空脱气状态下水分充分渗透到复配粉中，形成更加紧致的面筋网络结构，使淀粉颗粒更牢固地镶嵌于面筋网络中，制成的挂面不易产生破皮、落条等现象，从而使淀粉在蒸煮过程中不易溶出，降低蒸煮损失。

马铃薯全粉中缺乏能形成面筋网络的面筋蛋白，在制作马铃薯挂面过程中会出现难成型、面带破裂等情况，因此真空和面基于以上优点十分适用于马铃薯挂面的加工。

4.3.3 面絮熟化

在和面搅拌过程中，复配粉与水分首先形成面絮（颗粒状小块或小片）。由于和面时间一般较短，水分可能无法完全进入复配粉原料的分子内部而只是在表面呈游离状态。因此，需要对面絮进行熟化，即依靠时间的延长使面絮内部组织水分自动扩散调节，从而使各组分分布更加均匀，形成完善的面筋网络。面絮熟化是面制食品中一道重要的工序，在马铃薯挂面制作过程中是不可或缺的工序，对马铃薯挂面最终的品质影响重大。

完成和面的搅拌工序后，从和面机中排放出的面絮，需要在一定的温度和湿度条件下静置一段时间，使面絮加工工艺性能得到进一步改善。因此，面絮熟化实际上是和面过程的延续。

1. 面絮熟化设备

在马铃薯挂面的自动化生产线中，面絮熟化设备是位于和面机与面带复合轧片机之间的衔接装置。其作用一是使面絮熟化，二是向面带复合轧片机喂料。目前工业生产中使用的面絮熟化设备有：卧式熟化机、圆盘式熟化机和传送带式熟化机。

1）卧式熟化机

卧式熟化机结构比较简单，长度一般在 2～3m，安装和维修比较方便，可以实现一台熟化机向一台或者几台复合轧片机同时喂料。如果需要的熟化时间长，还可以两台熟化机串联使用。其主要的不足之处是恒温恒湿条件不易控制，不能连续化运行。

2）圆盘式熟化机

圆盘式熟化机也称立式或盆式熟化机。这种熟化机的优点是转速低、熟化效果好、占地面积小且易清理。与卧式熟化机相比，其结构复杂。不足之处是熟化过程中面絮容易结块，可能会出现已经熟化的面絮与尚未熟化或者熟化不彻底的面絮粘在一起，造成后续面带压延的面筋不均匀，且一台熟化机只能与一台复合轧片机配套使用。

3）传送带式熟化机

传送带式熟化机的主要结构是由一条输送带与和面机连接，和面机中和好的面絮落在输送带上，传送带向前输送，使面絮在送往复合轧片机的过程中完成熟化（图 4-20）。设备安装在恒温恒湿的环境中，装置的传送带缓慢运行，而面絮呈相对静止状态。传送带的运行速度在一定范围内可以调节，以便根据工艺需求选择设置最佳的面絮熟化时间。其优点是先落到传送带上的面絮先输送到复合轧片机，所以保证了熟化过程的基本一致，熟化效果较好，适合连续化作业。传送带式熟化机的结构复杂，成本较高，通常用于自动化程度较高的马铃薯挂面生产线。

图4-20　马铃薯挂面加工生产线中的面絮熟化装置

2. 面絮熟化工艺的作用

马铃薯挂面成型难的表现之一就是不经过熟化的面絮不易压成完整面带，因此面絮熟化对马铃薯挂面的整体加工工艺十分重要。其主要作用有以下几点。

（1）由于和面时加入的水分要完全渗透到马铃薯-小麦复配粉内部需要较长的时间，仅在和面搅拌的数分钟到十几分钟内达不到水分均匀渗透的要求；面絮熟化可以使水分均匀分布，有利于面筋的均质化。

（2）消除面絮在静置时的张力，使处于紧张状态的面筋组织得到松弛缓和，增加面团的延伸性。

（3）在静态中更有利于吸水膨胀的面筋蛋白质分子相互结合，形成面筋网络结构。

（4）和面机多为批次进行，卸料之间有时间间歇，通过熟化工序形成连续送料，实现挂面的连续化生产。

3. 影响马铃薯面絮熟化的因素

1）熟化温度

熟化过程中需要恒定的温度才能保证熟化的质量及后续工序的良好运行。面团的熟化一般在常温下进行，自动生产线上较理想的熟化温度为28～30℃。温度过低需要熟化的时间过长，温度过高则可能出现面絮中微生物繁殖造成的危害。

2）熟化湿度

面絮熟化过程中长时间静置会散失大量水分，造成面絮表面干裂，影响面絮中面筋的均匀形成，加工工艺性能下降。因此，熟化时要保持一定的湿度。多数研究表明，相对湿度80%～85%为最佳熟化湿度。

3）熟化时间

根据熟化原理可知，熟化是面絮随着时间的延长自动改善面絮工艺性能的过程。因此，温度确定后，时间的长短就成为影响熟化效果的主要因素。如果面絮熟化时间太短，会因熟化不完全而影响面条品质。如果面絮熟化时间太长，会发生微生物的污染或造成酸败等。熟化时间在一定程度上与温度呈正相关，在挂面生产线上，温度为28～30℃、相对湿度为85%的条件下，熟化的时间以40min左右为佳。

4.3.4 折叠绫织强力轧片

轧片是挂面延压的头道工序，它将熟化后的面絮送料到复合轧片机直接轧压成片状，其厚度一般为5～8mm，再由2～3片复合成一条面带，这个过程需耗用较大的功率进行强力轧压，因而对复合轧片机及轧片工艺有一定要求。其一，合理选用复合轧片压辊的外径尺寸，对降低能耗、提高产品质量有很大的关系。复合轧片机应选用240mm左右较大的轧辊外径，其转速较慢，为5～6r/min，使得轧片的压力增大。其二，复合轧片机采用轧辊表面呈现规则的光滑弧状凸起和凹陷的波纹压辊进行双向轧片，可使面带径向、轴向不同方向同时承受强大压力。其三，折叠绫织强力轧片是马铃薯挂面加工中的必要工艺技术，复合时将面带折叠并双向轧片，达到绫织轧压的效果[图4-21（a）、（b）]。

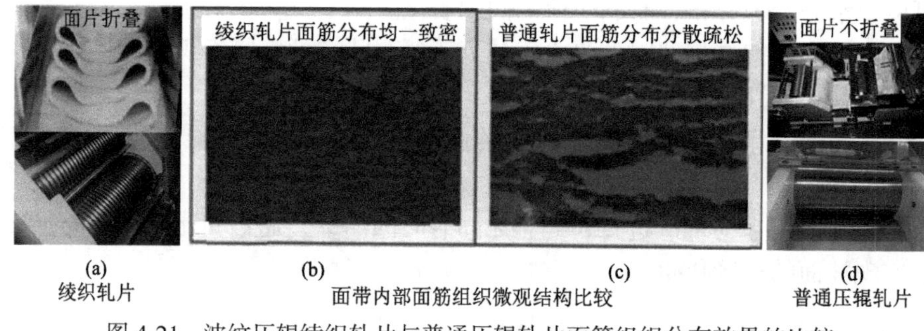

图4-21 波纹压辊绫织轧片与普通压辊轧片面筋组织分布效果的比较

面带中的面筋蛋白经过考马斯亮蓝染色达到可视状态

轧出的面片蛋白面筋网络结构更加均一致密[图4-21（b）]，弹性提高。同时，使马铃薯蛋白形成“类面筋”，参与小麦蛋白强韧多维面筋网络的形成，体积较大的马铃薯淀粉颗粒也可以被包埋在面筋网络中，使面带的硬度和弹性增加、黏性降低。这样的面带既有利于后续的压延制面，又可显著提升马铃薯挂面的劲道感和爽滑度。

4.3.5 面带熟化

马铃薯全粉与小麦粉的吸水性不一致，在生产线前端的面带轧片之后，面筋网络无法迅速形成。因此，很少进行面带熟化工艺的普通挂面生产线不能满足马铃薯挂面的生产。马铃薯面絮经过折叠绫织强力轧片形成面带后，再经过进一步的静置熟化，不仅能使面带结构得到缓和，而且促使麦醇蛋白和麦谷蛋白进一步吸水结合，面筋网络更加紧实，赋予挂面更好的口感。

1. 面带熟化的技术要点

研究发现，马铃薯面带的熟化工艺最佳参数为：熟化温度 28～30℃，熟化湿度 80%～85%、熟化时间 50～70min。

马铃薯面带熟化的温度太低，熟化不充分；温度过高，可能出现酸败等问题。湿度过低则会使面带表面失水变干，面带延压时表面“起皮”；湿度过高，水分凝露滴于面带表面，造成后续面带延时压黏辊。经验表明，在温度为 28℃、相对湿度为 80%的恒温恒湿条件下熟化 60min 适合马铃薯挂面生产线，有利于面筋网络的充分形成，从而使面条富有筋道感。

2. 恒温恒湿连续化面带熟化机

为了保证长时间的恒温恒湿环境，需要在生产线上配置专用的连续化面带熟化机，以保证上述熟化工艺的完美实施。由波纹压辊绫织面带轧片机轧片形成的面带，经过传送带从恒温恒湿连续化面带熟化机一端的顶部进入，经过数次往复盘旋，从面带熟化机另一端的底部传出（图 4-22）。这是一台专为马铃薯挂面生产线研制的大型恒温恒湿连续化面带熟化机，机体长度 18m，总高度 2.5m。

图 4-22　恒温恒湿连续化面带熟化机

恒温恒湿连续化面带熟化机内延本体的长度方向均匀设置多个超声波加湿器，用于熟化机内部湿度的调节；在熟化机中均匀分布多层恒温水循环管道，用于保证熟化机内恒定的温度。与通常的恒温恒湿装置相比，本机型的温湿度控制非常稳定（图 4-23）。

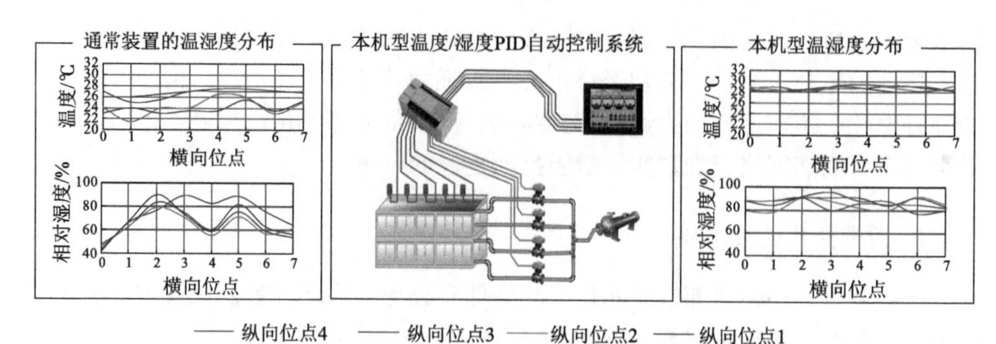

图 4-23　恒温恒湿连续化面带熟化机内温度和湿度控制系统的效果

机内传送带往复回转为 9 层，传送带在机内的运行速度在一定范围内可以任意调节，运行时间范围为 50～90min。根据马铃薯挂面的配方、工艺要求和加工季节选择适宜的面带熟化温度和时间（图 4-24）。

图 4-24　马铃薯面带在恒温恒湿连续化面带熟化机内的运行状态

4.3.6　面带延压

面带连续延压机也是马铃薯挂面生产线中的重要组成部分。熟化的面带进入连续延压机，在延压过程中除了密度不断增大外，面筋的抗拉强度也随之发生改变。由于马铃薯全粉占比不同，面筋的抗拉强度也不相同。延压机组中压辊数量过少，延压道数也少，会造成面带变形过程中延压比过大，产生面筋断裂，影响挂面的口感；压辊数量过多，又会造成设备投资增加，资源浪费。延压机组中压辊的数量使面筋的压延比控制在 1.5～2 之间较为理想。因此，马铃薯挂面面带连续延压机的延压道数以 7～9 道为佳（图 4-25）。

压辊是整个延压机组的关键部件，它对提高产品的产量和质量起着至关重要的作用。它通过主动压辊和从动压辊之间的压力和摩擦力的综合作用，对面片进行挤压、拉扯和延伸，使面片中的空气排出，面片中疏松的面筋组织形成细密的网络组织，更加致密均匀地融合在一起，使面片达到厚薄均匀、表面光滑且塑性适中的生产工艺要求。因此，压辊相关部件的选择对延压效果十分重要。压辊选择要注意如下几个问题。

图 4-25　面带连续延压机

1. 压辊的材质

马铃薯挂面的生产过程中，通常会加入食盐、食用碱或者其他的添加剂，这些物质对金属有一定的腐蚀作用。普通的铸铁压辊抗腐蚀力不强，再则普通铸铁压辊表面硬度欠佳，在使用一段时间后磨损较严重，表面变得凹凸不平，不再光滑。这样的压辊压制出的面片既不光滑，又不致密，面片的厚薄均匀性和强度韧性得不到保证，尤其马铃薯面带的黏度比普通小麦粉面带大，对压辊的要求更高，以免延压过程中出现黏辊现象。为此，马铃薯挂面延压机组的压辊材质应选择合金材料，如球墨铸铁（QT60-2）等。

2. 压辊的结构

常见的面带延压机有普通平辊延压机和波纹辊延压机。其中，普通平辊延压机的压辊表面素线为直线，面带通过两辊之间的缝隙时，由于宽度方向受到约束，且各组辊筒横向宽度相同，因而只能在纵深方向拉长，马铃薯面带无法受到多向反复挤压拉伸的作用，压出的面片横向组织形态不好，内部黏结力低，面片横向受力性能较差，压出的面条易折断，口感也稍差。

波纹压辊表面素线为波浪形（图 4-26），且每组压辊的波形不同，当面带通过机组压辊间隙时，除了厚度、长度方向发生变化外，横向宽度也发生变化，通过 7～9 对压辊间隙与波形的配合，就可实现人工揉擀面片的效果，从而解决马铃薯制面成型难的工艺难题，实现工业化生产模拟人工擀面的效果。值得强调的是，要达到较好的揉擀效果，各辊的直径大小、波纹形状及转速，必须科学地配合才能达到。

3. 压辊的保养

生产过程中要注意延压机的运行状况，做好运行记录，出现问题要及时排除；停机生产期间，要及时对压辊表面进行清理，再涂上植物油，防止生锈；轴承、齿轮等其他机件也要及时检查和保养。

图 4-26 面带连续延压机波纹压辊结构

4.3.7 面条切条

马铃薯面条的切条需要专用的切条机与延压设备配套的切刀来进行。市面上出现的宽面、圆面和细面等不同形状、不同幅度的面条，都是由不同形状及型号的面刀切割而成的（图 4-27）。

图 4-27 分切不同幅度面条的切刀

传统的压面机切刀的刀齿为矩形，一套切刀只能切制一种宽度的面条。但随着技术的发展，也出现了一套切刀能切出两种或者多种宽度的多用面刀。

4.3.8 挂面干燥

马铃薯挂面与小麦粉挂面相比，蒸煮损失相对较大，挂面干燥初始阶段采用连续高温调质技术可弥补这一缺陷。在干燥的初始阶段设加温加湿区，对马铃薯面条进行高温调质处理，即温度为 110℃、相对湿度≥95%的条件下处理 20～30min，使马铃薯面条的表面均匀糊化，实现调质作用，既可有效杀灭微生物，又有利于提升马铃薯面条的蒸煮特性。

根据行业标准《挂面》（LS/T 3212—2014），挂面中水分含量要求≤14.5%。与普通小麦粉挂面相比，马铃薯挂面中由于马铃薯成分的加入，水分不易脱去。

采用多阶段梯度变温变湿联用干燥技术，可加快面条内部水分的均匀散失，且干燥时间比挂面常规中温烘干缩短 170min。具体干燥工艺是在高温调质之后设置不同温度和湿度的三个阶段：第一阶段为温度 28℃、相对湿度 85%，干燥时间 50min；第二阶段为温度 45℃、相对湿度 75%，干燥时间 120min；第三阶段为温度 35℃、相对湿度 50%，干燥时间 70min。多阶段梯度变温变湿联用干燥技术解决了马铃薯面条干燥不均匀、不彻底的问题，避免发生酥条，面条口感滑爽、弹性好、筋力强。

综上所述，马铃薯挂面的生产以真空和面—面絮恒温恒湿熟化—折叠绫织强力轧片—面带恒温恒湿熟化—波纹连续压延—高温调质与多阶段变温变湿联用干燥的独特工艺技术，形成连续化、自动化生产线。一条线最大生产能力为日产马铃薯挂面 30t（图 4-28）。

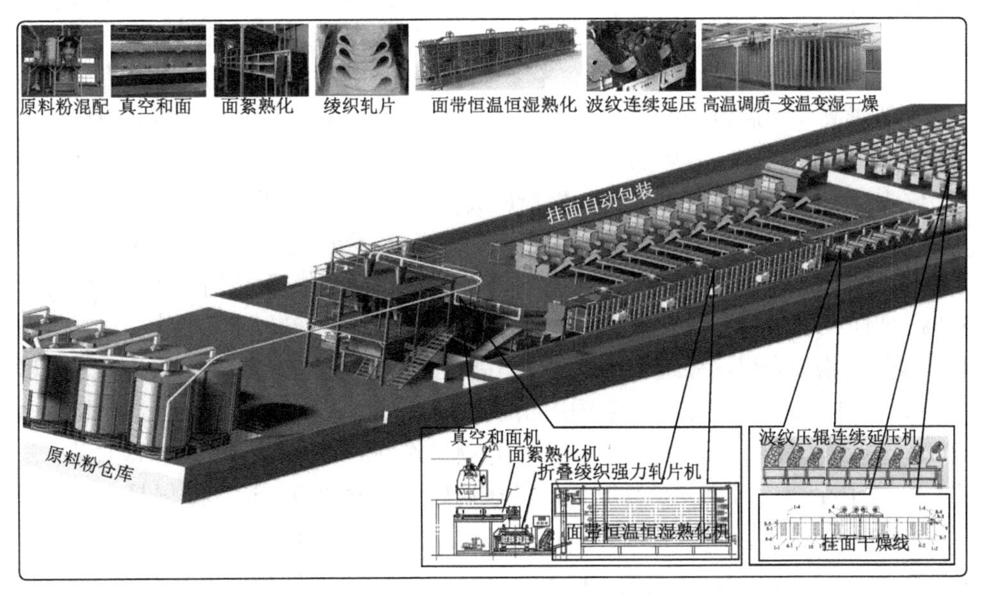

图 4-28　马铃薯挂面连续化自动生产线示意图

4.4　低 GI 马铃薯面条的加工技术与装备

糖尿病是一种以慢性高血糖为特征的常见内分泌代谢综合征。糖尿病导致人体免疫力下降，易感染，严重时导致白内障、糖尿病肾病、糖尿病足、心脑神经及皮肤损害等并发症。由糖尿病引起的死亡人数仅次于心脑血管疾病和恶性肿瘤，被称为“第三杀手”。由于糖尿病早期不痛不痒，不易察觉，因此国外也称之为“沉默杀手”。一旦罹患糖尿病，绝大多数患者需要终身治疗，不仅使本人陷入病痛折磨，而且给家庭和社会带来沉重的经济负担。

流行病学调查数据显示，2021 年我国成人糖尿病患病率约为 12.8%，高达 1.3 亿人。不仅如此，我国还有 4 亿多人属于糖尿病高风险人群，相当于每 3 个人中就有 1 个人处于糖尿病前期。研制适用于糖尿病前期及糖尿病患者人群营养干预的低血糖指数的主食，对于糖尿病的早干预、早康复，最终达到延年益寿、提高国民生活质量以及提升国民健康水平的目标具有重要意义。

血糖指数（glycemic index，GI）指含 50g 碳水化合物的食物与相当量的葡萄糖在一定时间（一般为 2h）体内血糖反应水平的百分比值，反映食物与葡萄糖相比升高血糖的速度和能力。通常把葡萄糖的血糖指数定为 100。GI 值通常利用式（4-1）进行计算：

$$\text{血糖指数（GI）}=\frac{\text{食物餐后2h血浆葡萄糖曲线下总面积}}{\text{等量葡萄糖餐后2h血浆葡萄糖曲线下总面积}}\times 100 \quad (4\text{-}1)$$

在临床营养学上，GI 值的概念主要被用于指导糖尿病患者的日常饮食。食物的 GI 值越高，餐后血糖上升速度越快。相反，GI 值越低，葡萄糖释放越缓慢，血糖上升速度越缓慢。通常把 GI 值低于 55 的食物称为低 GI 食物。低 GI 食物在胃肠道停留时间长，吸收率低，葡萄糖释放缓慢，进入血液后的峰值低。而 GI 值高于 70 的高 GI 食物，体内消化速度快，吸收率高，葡萄糖进入血液后的峰值高。

面条是我国居民喜好的主食之一，每年 7000 多万吨的面粉消费中，面条占到 35%。即使在以米制主食为主的南方，面条作为早餐主食已经十分流行，中国“南米北面”的格局变得模糊或正在被打破。因此，针对糖尿病前期及糖尿病患者人群开发低 GI 面条十分必要。马铃薯中的抗性淀粉含量高于小麦粉面条，当马铃薯占比达到一定比例，并配合其他 GI 值低的食材制作的低 GI 面条，具有高饱腹感、升糖慢、营养全面的特点，是喜吃面条糖尿病患者主食的最佳选择。但是，由于低 GI 马铃薯面条中马铃薯的占比提高，可能还需要使用杂粮原料，给面条的加工制作带来更大难度。因此，低 GI 马铃薯面条的加工需要更为特殊的加工技术与装备。

4.4.1　适宜加工低 GI 马铃薯面条的原料

适宜加工低 GI 马铃薯面条的原料仍以小麦粉和马铃薯全粉为主料，小麦粉最好使用低 GI 品种的小麦粉，马铃薯则以生全粉为佳，因其抗性淀粉含量较高。此外，可适量使用玉米粉、杂豆粉、荞麦粉、莜麦粉和青稞粉等杂粮粉，以及富含膳食纤维的菊粉、大豆多糖、糊粉层粉、燕麦麸和魔芋粉等作为辅料，其粒度应低于 120 目。其中白芸豆是更为理想的杂豆粉原料，它含有较高活性的 α-淀粉酶抑制物质，化学成分为一种复合糖蛋白，能抑制 α-淀粉酶，阻断淀粉分解，减少人体对葡萄糖的吸收，从而起到降低餐后血糖升高的作用。

4.4.2　适宜加工低 GI 马铃薯面条的技术与装备

要将低 GI 食材加工成为面条，需要在工艺技术和装备上加以改进。依据面条加工技术的不同，拟采用不同的特殊加工技术与装备。

1. 低 GI 马铃薯面条的延压技术与装备

利用马铃薯生全粉与小麦粉混合制作马铃薯面条，当马铃薯生全粉的含量超过 35%时，即使采用前述的马铃薯面条延压工艺，面带仍极易破裂，难以成型。在上述马铃薯面条延压工艺的基础上，采用包裹面带压延技术，可将马铃薯生全粉的占比提高到 55%，面条的感官品质及质构指标依然达标。包裹面带压延技术中作为加工关键点的面条延压操作单元，就是在最初轧片时，面片的最外面两侧是含有面筋的小麦粉面带，中间层则是不含面筋的马铃薯生全粉及杂粮粉，通过强力轧片（图 4-29）后，就可以形成表面光滑且含有高占比的低 GI 食材成分的面条。这项技术可显著提高高占比马铃薯生全粉、杂粮粉和糊粉层粉等原料制作面条的成型性、爽滑感和劲道感，降低其蒸煮损失（图 4-30）。

图 4-29　包裹面带压延技术与装备

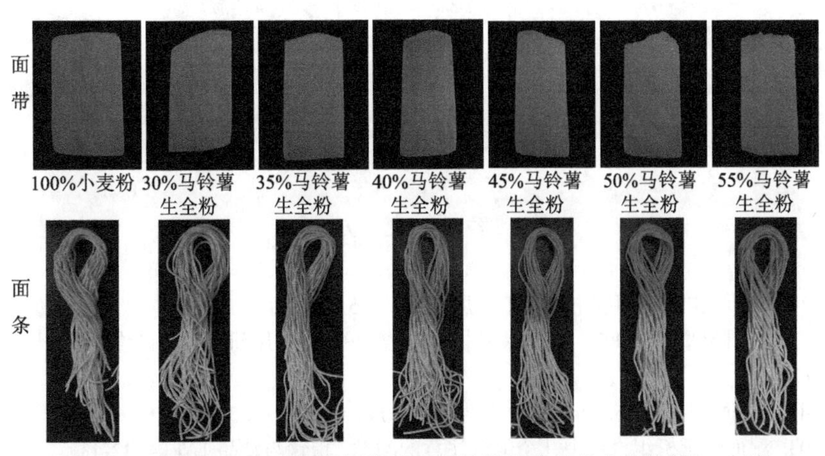

图 4-30　包裹面带压延技术制作的不同马铃薯生全粉占比的低 GI 面条

2. 低 GI 马铃薯面条的挤压技术与装备

连续式挤压生产线集复配粉减重式喂料、加水、混合、揉捏、挤压和成型等单元于一体，可实现马铃薯与低 GI 小麦、玉米、杂粮及菊粉、魔芋粉、糊粉层粉等复配的低 GI 面条的连续化、自动化加工（图 4-31）。特别是在完全没有小麦面筋蛋白的情况下，挤压成型的面条仍然不断条、不浑汤、弹性好、口感筋道而爽滑（图 4-32）。

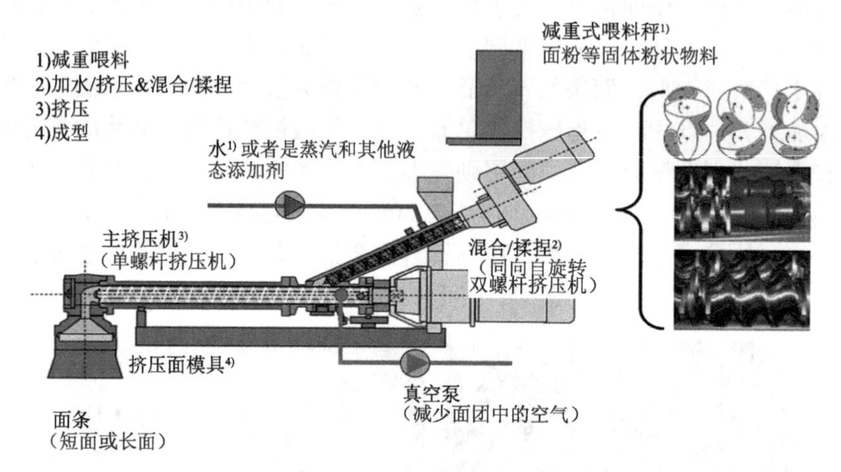

图 4-31　连续化面条挤压机示意图

图 4-32　马铃薯与小麦粉以外其他食材复配的低 GI 挤压面

参 考 文 献

陈春燕. 2006. 压面机压辊相关技术. 粮食加工, 4: 53-54.

陈飞东, 赵芸, 陆清儿. 2007. 辐照保鲜技术在食品中的应用研究. 安徽农学通报, 13(20): 125-127.

耿晶娟, 陶莎, 薛文通. 2015. 面条熟化工艺研究进展. 粮油加工, 3: 37-39.

郭飚. 2003. 湿面压延机组设计中几个值得注意的问题. 粮食与食品工业, 4: 42-43.

郭飚，苏四清. 2004. LL方便湿面生产线的设计原则及应用. 粮油食品科技, 2: 14-16.
李聪. 2011. 熟化对鲜切面条品质的影响研究. 郑州: 河南工业大学.
李聪，陆启玉. 2011. 面条制作过程中面带熟化工艺研究. 农业机械, 23: 99-103.
李聪，陆启玉，章绍兵. 2011. 面条生产中熟化工艺的研究进展. 农业机械, 8: 69-71.
刘婧竟. 2007. 面片熟化工艺对面条品质的影响. 消费导刊, 5: 207-208.
刘锐，张影全，武亮，等. 2016. 挂面生产工艺及设备研发进展. 食品与机械, 32(5): 204-208.
刘晓婷，屈凌波，许旭. 2015. 生鲜切面保鲜技术与品质的研究进展. 粮食科技与经济, 40(6): 56-62.
陆启玉，杨宏黎，韩旭. 2008. 面团熟化对面条品质影响研究进展. 粮食与油脂, 2: 16-17.
王波，孟资宽，康建平，等. 2017. 鲜切面保鲜技术及护色技术的研究进展. 食品与发酵科技, 53(6): 85-89, 110.
王川. 2014. 淮山冷鲜面加工工艺及保鲜技术研究. 福州: 福建农林大学.
徐丹. 2016. 浅谈包装材料的阻隔性与食品品质. 上海包装, 8: 39-41.
章建浩. 2000. 食品包装大全. 北京: 中国轻工业出版社.
张红艳，林凯，阎春娟. 2004. 国内外天然食品防腐剂的研究进展. 粮食加工, 29(3): 57-60.
祝爱萍，麦伟明，林锡康. 2018. 几种食品包装用塑料膜阻透性能比较. 包装工程, 39(1): 74-78.

第5章　马铃薯面条的营养品质评价

5.1　马铃薯面条基本营养成分组成及其营养价值

从营养角度来看，马铃薯比小麦粉具有更多的优点，能供给人体大量的热能和营养素，食用后有很好的饱腹感，可称为“全营养食物”。由于马铃薯富含人体所需的营养成分，通过在小麦粉中添加一定比例的马铃薯全粉，加工成新型马铃薯面条，可大幅提升面条的营养价值，在很大程度上满足人们对于营养型主食的需求。通过在小麦粉中分别添加35%的‘大西洋’、‘夏波蒂’的马铃薯全粉制作面条，对其营养成分与小麦粉面条进行比较分析，阐明马铃薯面条的营养特性，为马铃薯面条的营养消费引导提供数据支持。

5.1.1　不同品种面条基本营养成分的差异

小麦粉面条、‘大西洋’马铃薯面条和‘夏波蒂’马铃薯面条的基本营养成分含量如表5-1所示。在鲜湿面、干面、鲜湿面煮后及干面煮后四种状态下，马铃薯面条的粗蛋白、粗纤维、灰分及还原糖含量均显著高于小麦粉面条，其中马铃薯面条的粗纤维和还原糖含量甚至高达普通小麦粉面条的2.1倍，而淀粉、总糖显著低于小麦粉面条，其中马铃薯面条中的淀粉含量比小麦粉面条低。‘夏波蒂’马铃薯面条的粗蛋白和粗纤维含量显著高于‘大西洋’马铃薯面条。面条煮制后，粗蛋白和粗纤维的含量有所提高，这可能是煮制过程中面条中一些水溶性物质被溶出所致。但面条煮制后，马铃薯面条中的粗蛋白、粗纤维含量仍高于小麦粉面条。面条煮制后，灰分及还原糖含量降低，淀粉及总糖含量变化无明显差异。由此可见，马铃薯面条有利于提高人体对蛋白质及膳食纤维的摄入量。同时，有研究表明，马铃薯蛋白质中含有大量黏体蛋白质，黏体蛋白质具有增强肠道功能、促进排便、降低血胆固醇、调解血糖、控制体重和减肥及预防结肠癌等作用。

表 5-1　不同品种面条的基本营养成分比较（g/100g 面条干物质）

面条品种		水分	粗蛋白	粗纤维	粗脂肪	灰分	淀粉	总糖	还原糖
100%小麦粉面条	鲜湿面	2.67 ± 0.04	13.27 ± 0.05^{Bb}	0.37 ± 0.01^{Bc}	0.47 ± 0.00^{Aa}	2.54 ± 0.00^{Ca}	69.77 ± 2.30^{Aa}	69.59 ± 0.36^{Ab}	3.25 ± 0.21^{Cb}
	干面	9.79 ± 0.06	12.23 ± 0.02^{Cc}	0.55 ± 0.00^{Ca}	0.10 ± 0.019^{Bd}	2.55 ± 0.02^{Ba}	68.39 ± 0.66^{Aab}	71.48 ± 0.24^{Ac}	5.73 ± 0.50^{Ba}
	鲜湿面煮后	2.50 ± 0.21	13.88 ± 0.01^{Ba}	0.31 ± 0.02^{Bc}	0.18 ± 0.02^{Bc}	0.76 ± 0.01^{Bb}	66.63 ± 3.25^{Aab}	76.21 ± 0.21^{Aa}	1.11 ± 0.14^{Cd}
	干面煮后	2.46 ± 0.06	14.01 ± 0.30^{Ca}	0.41 ± 0.06^{Bb}	0.36 ± 0.02^{Ab}	0.77 ± 0.02^{Ab}	63.83 ± 0.31^{Ab}	77.05 ± 0.08^{Aa}	1.72 ± 0.08^{Bc}
‘大西洋’马铃薯面条	鲜湿面	2.47 ± 0.06	14.16 ± 0.20^{Ab}	0.78 ± 0.14^{Aa}	0.37 ± 0.05^{Ba}	4.00 ± 0.02^{Bb}	61.01 ± 2.46^{Ba}	69.83 ± 0.35^{Aa}	6.81 ± 0.83^{Bb}
	干面	8.96 ± 0.08	13.32 ± 0.02^{Bc}	0.65 ± 0.01^{Ba}	0.10 ± 0.02^{Bc}	4.10 ± 0.01^{Aa}	59.34 ± 6.26^{Aa}	68.26 ± 0.34^{Ab}	7.54 ± 0.29^{Aa}
	鲜湿面煮后	3.31 ± 0.04	14.94 ± 0.31^{Aa}	0.87 ± 0.10^{Aa}	0.19 ± 0.04^{Bbc}	1.21 ± 0.00^{Ac}	63.41 ± 0.18^{Aa}	71.76 ± 0.29^{Bab}	2.18 ± 0.16^{Bc}
	干面煮后	3.08 ± 0.14	14.94 ± 0.07^{Ba}	0.82 ± 0.11^{Aa}	0.26 ± 0.03^{Bb}	0.90 ± 0.02^{Ad}	61.11 ± 0.18^{Ba}	70.98 ± 0.57^{Bab}	1.62 ± 0.25^{Cd}
‘夏波蒂’马铃薯面条	鲜湿面	1.89 ± 0.04	14.35 ± 0.10^{Ab}	0.90 ± 0.06^{Ab}	0.42 ± 0.02^{ABa}	4.08 ± 0.00^{Aa}	60.89 ± 0.37^{Bb}	66.44 ± 0.30^{Aa}	6.91 ± 0.80^{Aa}
	干面	9.06 ± 0.07	14.33 ± 0.17^{Ab}	0.94 ± 0.02^{Aab}	0.41 ± 0.01^{Aa}	4.11 ± 0.02^{Aa}	57.55 ± 0.26^{Ab}	72.32 ± 0.26^{Ab}	7.76 ± 1.17^{Aa}
	鲜湿面煮后	3.47 ± 0.11	15.44 ± 0.06^{Aa}	1.10 ± 0.10^{Aa}	0.41 ± 0.01^{Aa}	1.15 ± 0.06^{Ab}	66.14 ± 2.79^{Aa}	69.84 ± 0.25^{Cb}	2.33 ± 0.35^{Ab}
	干面煮后	3.75 ± 0.16	15.58 ± 0.13^{Aa}	0.93 ± 0.08^{Aab}	0.40 ± 0.01^{Aa}	0.76 ± 0.14^{Ac}	58.11 ± 0.06^{Cb}	62.77 ± 0.57^{Cc}	1.98 ± 0.08^{Ac}

注：a、b、c、d 代表同一品种不同状态面条之间的显著性差异（$p<0.05$）；A、B、C 代表同一状态不同品种之间的显著性差异（$p<0.05$）。

5.1.2　不同品种面条中维生素含量的差异

如表 5-2 所示，两种马铃薯面条中维生素 B_1、维生素 B_3、维生素 C 及其鲜湿面状态下的维生素 B_2 含量均显著高于小麦粉面条。‘夏波蒂’马铃薯面条中的维生素含量显著高于‘大西洋’马铃薯面条。面条经煮制后，维生素 B_1、维生素 B_3 的含量有所降低，这表明煮制过程会造成维生素 B_1 和维生素 B_3 的部分损失，但煮制对维生素 B_2 及维生素 C 的含量影响不显著。相对于小麦粉面条，马铃薯面条中维生素含量更高，更能满足人们对维生素的需求，并且‘夏波蒂’马铃薯面条要优于‘大西洋’马铃薯面条。

表 5-2　不同品种面条中维生素含量的比较（mg/100g 面条干物质）

面条种类		维生素 B_1	维生素 B_2	维生素 B_3	维生素 C
100%小麦粉面条	鲜湿面	0.21±0.01^{Ca}	0.12±0.00^{Cb}	0.97±0.00^{Ca}	38.19±0.14^{Ca}
	干面	0.16±0.00^{Cb}	0.14±0.00^{Aa}	1.10±0.03^{Ca}	37.36±0.05^{Ca}
	鲜湿面煮后	0.10±0.01^{Cc}	0.12±0.01^{Ab}	0.74±0.00^{Cb}	38.78±0.07^{Cb}
	干面煮后	0.10±0.00^{Cc}	0.12±0.01^{Ab}	0.98±0.04^{Ca}	45.92±0.16^{Ca}
‘大西洋’马铃薯面条	鲜湿面	0.24±0.01^{Ba}	0.15±0.00^{Ba}	2.26±0.02^{Ba}	53.23±0.01^{Ba}
	干面	0.21±0.01^{Bb}	0.14±0.01^{Ab}	1.92±0.00^{Bb}	65.49±0.06^{Bb}
	鲜湿面煮后	0.16±0.00^{Bc}	0.12±0.01^{Ac}	1.62±0.01^{Bc}	58.01±0.07^{Bc}
	干面煮后	0.14±0.01^{Bd}	0.10±0.00^{Ad}	1.40±0.05^{Bd}	63.14±0.03^{Bd}
‘夏波蒂’马铃薯面条	鲜湿面	0.30±0.01^{Aa}	0.18±0.01^{Aa}	2.70±0.05^{Aa}	64.49±1.20^{Aa}
	干面	0.26±0.00^{Ab}	0.11±0.00^{Bb}	3.03±0.09^{Aa}	54.53±0.31^{Aa}
	鲜湿面煮后	0.22±0.01^{Ac}	0.12±0.00^{Ab}	2.07±0.02^{Ab}	63.91±0.01^{Ab}
	干面煮后	0.21±0.01^{Ad}	0.12±0.01^{Ab}	1.83±0.01^{Ac}	49.01±0.69^{Ac}

注：a、b、c、d 代表同一品种不同状态面条之间的显著性差异（$p<0.05$）；A、B、C 代表同一状态不同品种之间的显著性差异（$p<0.05$）。

5.1.3　不同品种面条中矿物质含量的差异

矿物质含量是表征食物营养价值的重要方面，对人体健康有重要影响。马铃薯面条中 Ca、P、K、Na、Mg、S、Fe、Zn、Cu、Cr、Mn、Mo、Se 等 13 种矿质元素的含量如表 5-3 所示。由表中可以看出，四种状态的马铃薯面条绝大多数矿质元素含量均显著高于小麦粉面条。常量元素中，马铃薯面条的 K、P、Mg 含量分别是小麦粉面条的 5.4～10.8 倍、1.3～2 倍和 1.7～3.4 倍。马铃薯面条的微量元素含量也十分丰富，其中 Fe 元素含量是小麦粉面条的 2.6～8.3 倍；‘夏波蒂’马铃薯鲜湿面的 Se 元素含量是小麦粉面条的 4.5 倍；此外，马铃薯面条中的 Zn、Mo 等微量元素在小麦粉面条中不含或含量极少。面条煮制后，大多数矿质元素含量有所降低，但马铃薯面条中矿质元素仍普遍高于小麦粉面条。

5.1.4　不同品种面条中膳食纤维含量和组成的差异

小麦粉干面条、‘大西洋’马铃薯干面条、‘夏波蒂’马铃薯干面条在煮制前和煮制后的总膳食纤维、可溶性膳食纤维、不可溶性膳食纤维的含量如表 5-4 所示。马铃薯面条的总膳食纤维含量、不可溶性膳食纤维含量均显著高于小麦粉面条，但可溶性膳食纤维含量低于小麦粉面条。面条煮制后，总膳食纤维及不可

表 5-3　不同品种面条中矿物质元素含量的比较（mg/kg 面条干物质）

元素	100%小麦粉面条				‘大西洋’马铃薯面条				‘夏波蒂’马铃薯面条			
	鲜湿面	干面	鲜湿面煮后	干面煮后	鲜湿面	干面	鲜湿面煮后	干面煮后	鲜湿面	干面	鲜湿面煮后	干面煮后
Ca	70.37^{Ac}	35.79^{Bd}	121.31^{Bb}	183.11^{Aa}	46.24^{Bc}	33.61^{Cd}	147.81^{Ab}	153.10^{Ba}	34.35^{Cd}	41.05^{Ac}	92.05^{Cb}	116.36^{Ca}
P	2465.83^{Ca}	2334.95^{Cc}	2096.86^{Cd}	2347.10^{Cb}	4105.16^{Ba}	4024.98^{Bb}	3366.18^{Ac}	3009.40^{Bd}	4437.49^{Ab}	4548.49^{Aa}	3285.30^{Bc}	3201.13^{Ad}
K	541.58^{Ca}	502.58^{Cb}	76.02^{Cd}	101.49^{Cc}	3003.22^{Ab}	3129.64^{Aa}	765.73^{Bc}	664.06^{Bd}	2938.69^{Bb}	3108.66^{Ba}	823.21^{Ac}	775.13^{Ad}
Na	6885.15^{Ba}	6406.80^{Cb}	1193.33^{Cd}	1496.14^{Cc}	7085.40^{Aa}	6949.76^{Ab}	2226.67^{Ac}	1881.37^{Bd}	6378.81^{Cb}	6559.16^{Ba}	2191.89^{Bc}	1949.63^{Ad}
Mg	117.53^{Cb}	108.09^{Cc}	107.68^{Cc}	133.30^{Ca}	299.33^{Ba}	302.50^{Ba}	234.33^{Bb}	220.38^{Bc}	345.36^{Ab}	362.36^{Aa}	246.78^{Ac}	245.10^{Ac}
S	1912.62^{Cc}	1787.09^{Cd}	2001.63^{Cb}	2155.15^{Ca}	2282.42^{Bb}	2261.48^{Bc}	2339.50^{Aa}	2203.88^{Bd}	2365.29^{Ab}	2465.05^{Aa}	2258.31^{Bc}	2212.84^{Ad}
Fe	1.21^{Cc}	2.11^{Cb}	2.41^{Ca}	0.00^{d}	9.06^{Bd}	11.65^{Ba}	11.10^{Ab}	9.93^{Ac}	9.24^{Ab}	17.45^{Aa}	6.17^{Bd}	6.81^{Bc}
Zn	0	0	0	0	1.93^{Ba}	1.58^{Bb}	0	0	2.36^{Aa}	2.09^{Ab}	0.46^{c}	0.38^{d}
Cu	1.11^{Cb}	1.11^{Cb}	1.26^{Ba}	1.27^{Ba}	1.39^{Bb}	1.45^{Ba}	1.22^{Cd}	1.25^{Cc}	1.86^{Ab}	1.94^{Aa}	1.59^{Ac}	1.91^{Aa}
Cr	0.34^{Aa}	0.03^{Cd}	0.16^{Bc}	0.25^{Cb}	0.10^{Bc}	0.09^{Bc}	0.63^{Ab}	2.73^{Aa}	0.08^{Bc}	0.14^{Ab}	0.06^{Cd}	0.53^{Ba}
Mn	4.46^{Ab}	3.35^{Ac}	2.98^{Ad}	4.85^{Aa}	3.32^{Ba}	2.62^{Bb}	0.49^{Bc}	0.19^{Bd}	2.47^{Ca}	2.42^{Cb}	0.39^{Cc}	0.06^{Cd}
Mo	0.04^{Ca}	0	0	0.01^{Cb}	0.10^{Bb}	0.12^{a}	0.05^{Ac}	0.02^{Bd}	0.10^{Bb}	0.12^{a}	0.04^{Bd}	0.05^{Ac}
Se	0.04^{Bb}	0.05^{Bb}	0.04^{Bb}	0.05^{Bb}	0.03^{Cc}	0.05^{Bb}	0.03^{Cc}	0.04^{Bb}	0.18^{Aa}	0.06^{Ac}	0.16^{Ab}	0.06^{Ac}

注：a、b、c、d 代表同一品种不同状态面条之间的显著性差异（$p<0.05$）；A、B、C 代表同一状态不同品种之间的显著性差异（$p<0.05$）。

溶性膳食纤维含量上升，这是由面条中部分可溶性物质的溶出所致。因此，煮制使可溶性膳食纤维含量显著降低。膳食纤维具有降低总血清胆固醇和低密度脂蛋白胆固醇水平从而预防高脂血症、动脉硬化，降低心脏病和中风危险；能够调节人体血糖水平和对胰岛素的反应，起到治疗糖尿病的作用；能够改善胃肠功能，预防胃肠道疾病的发生，有益于治疗便秘、预防结肠癌。因此，马铃薯面条具有较高的营养健康功能。

表 5-4　不同品种面条膳食纤维含量比较（g/100g 面条干物质）

面条品种		总膳食纤维	可溶性膳食纤维	不可溶性膳食纤维
100%小麦粉面条	干面	2.39±0.01^{Ba}	1.10±0.02^{Aa}	1.27±0.02^{Cb}
	干面煮后	2.03±0.01^{Cb}	0.47±0.01^{Ab}	1.56±0.01^{Ca}
‘大西洋’马铃薯面条	干面	2.10±0.02^{Cb}	0.46±0.02^{Ba}	1.64±0.02^{Bb}
	干面煮后	3.45±0.02^{Aa}	0.21±0.02^{Bb}	3.24±0.02^{Aa}
‘夏波蒂’马铃薯面条	干面	3.11±0.02^{Aa}	0.47±0.02^{Ba}	2.64±0.02^{Ab}
	干面煮后	3.21±0.03^{Ba}	0.15±0.02^{Cb}	3.06±0.02^{Ba}

注：a、b 代表同一品种不同状态面条之间的显著性差异（p<0.05）；A、B、C 代表同一状态不同品种之间的显著性差异（p<0.05）。

5.1.5　不同品种面条中氨基酸含量和组成的差异

氨基酸是蛋白质的基本组成单位，其组成及含量对人体健康有重要意义。小麦粉面条、‘大西洋’马铃薯面条、‘夏波蒂’马铃薯面条的鲜湿面、干面、鲜湿面煮后和干面煮后四种状态的氨基酸含量及组成如表 5-5 所示。由表 5-5 可知，检出的 17 种氨基酸中，马铃薯面条中的脯氨酸含量显著高于小麦粉面条。两种马铃薯面条的各种氨基酸含量，必需氨基酸含量及氨基酸总量均大于小麦粉面条。其中，总氨基酸含量是小麦粉面条的 1.3 倍，营养价值较高。面条经煮制后，氨基酸含量有所增加，这是因为煮制过程中一些水溶性物质溶出，导致各种氨基酸含量相对增加。不同品种和不同状态的面条中氨基酸含量的变化与蛋白质的变化趋势一致。

表 5-5　不同品种面条氨基酸含量比较（mg/g 面条干物质）

氨基酸种类	100%小麦粉面条				‘大西洋’马铃薯面条				‘夏波蒂’马铃薯面条			
	鲜湿面	干面	鲜湿面煮后	干面煮后	鲜湿面	干面	鲜湿面煮后	干面煮后	鲜湿面	干面	鲜湿面煮后	干面煮后
苏氨酸（Thr）*	2.60	2.91	3.10	2.88	2.90	3.70	3.37	3.53	3.30	3.56	3.61	3.73

续表

氨基酸种类	100%小麦粉面条				‘大西洋’马铃薯面条				‘夏波蒂’马铃薯面条			
	鲜湿面	干面	鲜湿面煮后	干面煮后	鲜湿面	干面	鲜湿面煮后	干面煮后	鲜湿面	干面	鲜湿面煮后	干面煮后
缬氨酸（Val）*	5.05	5.52	4.80	5.60	7.19	6.95	6.13	7.03	6.15	6.84	6.97	6.57
甲硫氨酸（Met）*	2.32	2.68	1.06	1.73	2.25	2.20	1.93	2.21	1.82	2.22	2.08	1.04
异亮氨酸（Ile）*	3.56	3.96	4.15	3.98	4.04	4.64	4.32	4.48	4.17	4.54	4.68	4.71
亮氨酸（Leu）*	6.93	7.65	8.05	7.87	8.05	8.86	8.21	8.56	7.87	8.44	8.95	9.04
苯丙氨酸（Phe）*	5.99	6.35	5.81	5.33	5.84	6.11	5.55	5.82	5.46	5.84	6.12	6.20
赖氨酸（Lys）*	2.66	2.86	2.51	2.39	2.97	3.42	3.07	3.27	3.22	3.33	3.51	3.55
天冬氨酸（Asp）	4.01	4.47	4.52	4.27	6.69	8.87	6.18	6.76	8.41	8.99	6.94	6.85
丝氨酸（Ser）	4.52	5.05	5.10	5.27	4.58	5.92	5.36	5.61	5.17	5.52	5.76	5.90
谷氨酸（Glu）	40.52	45.26	46.39	46.48	37.48	48.63	43.21	45.62	43.86	46.87	46.93	48.26
甘氨酸（Gly）	3.65	4.01	4.11	4.04	3.67	4.63	4.15	4.60	4.17	4.41	4.68	4.62
丙氨酸（Ala）	2.85	3.14	3.53	3.47	3.28	3.99	3.65	5.76	4.50	5.51	5.66	4.09
半胱氨酸（Cys）	1.46	1.70	0.67	1.01	1.60	1.39	1.16	1.54	1.16	1.47	1.40	1.23
酪胺素（Tyr）	0.73	1.21	1.64	1.99	4.76	2.65	3.78	3.13	2.72	4.14	3.32	3.14
组氨酸（His）	2.22	2.47	2.46	2.31	2.23	2.53	2.28	2.41	2.26	2.40	2.49	2.57
精氨酸（Arg）	2.91	3.35	3.78	3.73	4.15	4.59	4.31	4.36	4.19	4.81	4.45	4.62
脯氨酸（Pro）	8.04	8.56	15.73	14.72	11.66	14.76	13.56	14.01	13.06	13.87	14.48	14.97
必需氨基酸	29.11	31.93	29.48	29.78	33.24	35.88	32.58	34.90	31.99	34.77	35.92	34.84
总氨基酸	100.02	111.15	117.41	117.07	113.34	133.84	120.22	128.70	121.49	132.76	132.03	131.09

*人体必需氨基酸。

5.1.6 马铃薯面条的营养价值评价

食物摄入量参考《中国居民膳食营养素参考摄入量》中不同年龄段、性别对应的推荐摄入量（recommended nutrient intake，RNI）或每日适宜摄入量（adequate intake，AI），采用常用的营养质量指数（index of nutritional quality，INQ）和营养素度量法（nutrient profile）对马铃薯面条进行营养价值的评价。

1. 营养质量指数评价

营养质量指数指营养素密度（该食物所含某营养素占供给量的比）与能量密度（该食物所含热能占供给量的比）之比。食物营养质量指数评价法是结合能量和营养素对食物进行综合评价的方法，能够直观、综合地反映食物能量和营养素的供给状况。营养质量指数计算公式如下：

$$\mathrm{INQ}=\frac{\text{某营养素密度}}{\text{能量密度}}=\frac{\text{某种营养素含量/该营养素参考摄入量}}{\text{所含能量/能量参考摄入量}} \quad (5\text{-}1)$$

INQ 值评价标准为：INQ = 1，表示食物中该营养素与能量含量达到平衡；INQ>1，表示食物中该营养素的供给量高于能量的供给量，营养价值高；INQ<1，表示食物中该营养素的供给量低于能量的供给量，长期食用此种食物，可能发生该营养素的不足或能量过剩，其营养价值低。以 18～50 岁轻体力劳动者为例，对小麦粉干面、‘大西洋’马铃薯干面、‘夏波蒂’马铃薯干面进行 INQ 值评价，对比分析三种面条营养素营养价值的差异。

利用营养质量指数法，通过计算营养质量指数对三种面条不同营养素营养价值差异展开评价（针对 18～50 岁轻体力劳动者）。如表 5-6 所示，除 Ca 元素、Mn 元素、Se 元素和维生素 B_2 外，马铃薯面条的各营养素 INQ 值均高于小麦粉面条，营养价值较高。马铃薯面条的蛋白质、维生素 C、P、Na、Mo 的 INQ 值大于 1，表示该食物提供这些营养素的能力大于提供能量能力，其中维生素 C 和 P 元素的 INQ 值已经大于 3，这两种营养物质的营养价值极高，而 K 元素的 INQ 值达到普通小麦面条的 6.5 倍之多。100%小麦粉面条中不含有人体所需的 Mo 元素，而马铃薯面条中 Mo 元素营养价值和能量供给基本一致，营养质量高。由此可见，以马铃薯面条作为主食可补充小麦粉面条中营养素的不足。

表 5-6 不同品种面条的 INQ 值比较

营养素	100%小麦粉干面		‘大西洋’马铃薯干面		‘夏波蒂’马铃薯干面	
	男性	女性	男性	女性	男性	女性
蛋白质	1.00	1.01	1.11	1.12	1.20	1.21

续表

营养素	100%小麦粉干面		‘大西洋’马铃薯干面		‘夏波蒂’马铃薯干面	
	男性	女性	男性	女性	男性	女性
维生素 B_1	0.71	0.67	0.92	0.87	1.18	1.11
维生素 B_2	0.62	0.64	0.61	0.62	0.50	0.51
维生素 C	2.29	2.01	4.08	3.57	3.41	2.99
Ca	0.03	0.02	0.03	0.02	0.03	0.03
P	2.05	1.79	3.58	3.13	4.07	3.56
K	0.15	0.13	0.97	0.85	0.97	0.85
Na	1.79	1.56	1.97	1.72	1.87	1.63
Mg	0.19	0.17	0.54	0.47	0.65	0.57
Fe	0.09	0.06	0.48	0.32	0.73	0.48
Zn	0.00	0.00	0.07	0.07	0.09	0.10
Cu	0.34	0.30	0.45	0.39	0.61	0.53
Cr	0.42	0.37	1.12	0.98	1.80	1.58
Mn	0.59	0.51	0.47	0.41	0.43	0.38
Mo	0.00	0.00	1.24	1.08	1.26	1.10
Se	0.60	0.53	0.60	0.53	0.76	0.66

2. 营养素度量法评价

营养素度量法评价是以营养素含量为依据，对某一食物进行综合营养价值全面评价的方法，能够弥补其他评价方法存在的缺陷，已成为管理营养标签和健康声称的基础。营养素度量法模型综合参考各国膳食标准、营养政策和膳食调查结果来确定指标营养素，包括 3 种限量营养素（脂肪、胆固醇和钠）、11 种推荐补充营养素（蛋白质、膳食纤维、维生素 C、维生素 B_1、维生素 B_2、Fe、Ca、K、Mg、P、Zn），计算食物营养指数值，所得出的指数越高，说明该食物的营养价值越高。

食物营养素度量法 $NRF_{11.3}$ 模型的指数值计算公式为

$$NRF_{11.3}/418.4\text{kJ}\ (100\text{kcal}) = (NR_{11} - LIM_3) \times 100 \tag{5-2}$$

式中，$NR_{11} = \sum_{i=1\sim11} (\text{Nutrient}_i / \text{NRV}_i) / \text{ED} \times 100$；$\text{Nutrient}_i$ 为 100g 可食部营养素 i 的含量；NRV_i 为营养素 i 的营养素参考值；ED 为食物 100g 可食部的能量密度；i=1～11；$LIM_3 = \sum_{1\sim3} (L_i/\text{MNRV}_i)/\text{ED} \times 100$；$L_i$ 为 100g 可食部限制营养素 i 的含量；MNRV_i 为营养素 i 的最大参考摄入值。

以 $NRF_{11.3}$ 模型为例，评价不同马铃薯添加量马铃薯面条的综合营养价值（针对 18～50 岁轻体力劳动者），以蛋白质、膳食纤维、维生素 C、维生素 B_1、维生素 B_2、Fe、Ca、K 和 Mg 为指标营养素中推荐补充营养素，以脂肪、胆固醇和钠为 3 种限量营养素，通过式（5-2）计算后发现，随着马铃薯占比的增加，马铃薯面条的 $NRF_{11.3}$ 值不断增大，综合营养价值随之增加，但这种变化趋势在男女之间差异不大。当马铃薯占比为 35%时，马铃薯面条的 $NRF_{11.3}$ 值达到小麦粉面条的 1.7 倍，而当马铃薯占比提高到 50%时，$NRF_{11.3}$ 值甚至可达到普通小麦粉面条的 2.2 倍，营养全面的马铃薯原料的加入大大提高了传统小麦粉面条的综合营养价值，主要是通过提高维生素 C、K 及 P 元素等有益营养素当量，降低脂肪、胆固醇和钠元素限量营养素当量，这种此消彼长的方式丰富了马铃薯面条的营养价值，但随着综合营养价值增加，原料成本也增大，综合考虑成本、营养及加工工艺等因素，建议马铃薯面条中马铃薯的占比以不低于 20%、不超过 50%为宜。

5.2　马铃薯面条中马铃薯占比的检测方法

随着马铃薯主食化战略的推进，马铃薯主食产品应运而生。目前，市场上商品化的马铃薯主食产品已有数十种，马铃薯面条作为最常见的马铃薯主食产品，深受消费者的喜爱，陆续还有大量的地方特色的马铃薯主食产品亟待上市。根据《马铃薯主食产品　分类和术语》（NY/T 3100—2017）的行业标准规定，马铃薯主食中马铃薯的干物质质量占比必须达到 15%以上方可称为马铃薯主食，其营养价值才能得以显现。由于马铃薯全粉或薯泥包含了马铃薯除薯皮以外的全部干物质，营养丰富，但加工成本远高于马铃薯淀粉和小麦粉，因此市售的马铃薯复配粉及马铃薯面条产品中的马铃薯占比是否与产品标签所注一致，是否存在以假乱真等现象是政府职能管理部门和消费者关注的焦点。随着市场上马铃薯主食产品的品种越来越丰富，其品质的检测与市场监管日益重要，亟须建立马铃薯面条等主食产品中马铃薯成分的定性、定量检测方法，规范马铃薯主食的生产，进而保障消费者的合法权益，确保马铃薯主食产品市场健康有序地发展。

测定物质含量常见的方法有化学方法、物理方法（光谱技术）和生物学方法。由于马铃薯全粉或马铃薯鲜薯薯泥是马铃薯除去皮以外的所有物质的混合物，用化学方法测定必须要找到马铃薯中的特异性物质。经气相色谱-质谱联用等手段测定结果可知，龙葵素是马铃薯的特异性物质，但由于不同品种、不同产地的马铃薯中龙葵素的含量差异很大，因此通过测定龙葵素含量来推定马铃薯含量是不可行的。近红外光谱技术是近年来发展起来的一种新的分析手段；生物学方法，如荧光定量聚合酶链式反应（polymerase chain reaction，PCR）技术更具有检测的特异性，将二者结合起来可用于马铃薯占比的定性和定量测定。

5.2.1 荧光定量 PCR 技术

生物学检测方法是一种快速准确的检测方法，它利用某些生物材料（如酶、抗体、组织、细胞和 DNA 等）对一定的化学物质具有特异性识别能力或灵敏响应能力。荧光定量 PCR 是一种常用的生物学定量检测方法，同样可用于马铃薯面条主食中马铃薯占比的特异性检测。

马铃薯龙葵素鼠李糖基转移酶基因是马铃薯区别于水稻、小麦、杂粮等粮食作物独有的基因序列。根据马铃薯龙葵素鼠李糖基转移酶基因序列保守区域设计马铃薯成分检测的特异性引物，通过对比不同加热时间的马铃薯生全粉实验结果，分析加工过程对马铃薯成分检测的影响，利用实时荧光 PCR 技术实现马铃薯面条等主食的鉴别，并对马铃薯面条主食中马铃薯成分进行定性检测。检测技术可以分为以下几个步骤。

1. 引物的设计

根据马铃薯龙葵素鼠李糖基转移酶基因设计特异性引物 Sgt3：
上游引物 F：5′-GGCGATGGAACAGAATGAAG-3′
下游引物 R：5′-TGCTGAGGGGCAATGATAGT-3′

2. DNA 提取

提取样品为：

（1）小麦粉、玉米粉、莜面粉、‘大西洋’马铃薯生全粉、‘夏波蒂’马铃薯生全粉。

（2）马铃薯熟全粉质量分数分别为 100%、80%、60%、40%、20%、10%、5%和 2%的马铃薯-小麦粉面条复配粉。

（3）马铃薯生全粉质量分数分别为 100%、80%、60%、40%、20%、10%、5%和 2%的马铃薯-小麦粉面条复配粉。

（4）马铃薯生全粉质量分数分别为 50%、40%、30%、20%、15%、5%、0%的马铃薯-小麦粉面条。

DNA 提取方法：将含水样品冷冻干燥，打粉，过 80 目筛，粉状样品过筛后混合均匀备用。样品中加入 80%体积的质量分数为 99%以上的异丙醇溶液或 2 倍体积的无水乙醇颠倒混匀后，在温度为–20℃条件下冷冻 30min，得到混合溶液，将所述混合溶液在温度为 25～28℃、转速为 12000r/min 下离心 15min，过滤取沉淀，将该沉淀用 75%（质量分数）乙醇清洗 2 次，开盖放置 5～10min 直至乙醇挥发完全，用洗脱液溶解，–20℃保存。

DNA 的 OD260/OD280 值在 1.8～2.0 之间，所述 DNA 的大小不低于 200 碱

基对，浓度为 100～400ng/μL。

3. SYBR Green Ⅰ荧光定量 PCR

以标准阳性样品、待测样品分别为模板，F 和 R 为引物，进行 SYBR Green Ⅰ荧光定量 PCR。SYBR Green Ⅰ荧光定量 PCR 体系为：2X 的 SYBR Green PCR Master Mix 10.0μL，10pmol/L 的上游引物 F、下游引物 R 各 4.0μL，DNA 模板 200ng，用灭菌超纯水补足至 20.0μL。反应程序为：95℃预变性 5min；95℃变性 30s，60℃退火 30s，72℃延伸 30s，40 个循环；设定延伸阶段收集荧光信号；溶解曲线从 60℃开始，每步上升 0.5℃，停留 10s，共 70 个循环，升至 95℃。

4. 绘制标准曲线和溶解曲线

根据标准样品中马铃薯质量分数对应的循环阈值（cycle threshold，Ct，即每个反应管内的荧光信号到达设定阈值时所经历的循环数），得到马铃薯质量分数的对数值与 Ct 的线性关系，绘制成马铃薯质量分数的对数值与 Ct 之间的标准曲线；根据标准阳性样品 SYBR Green Ⅰ荧光定量 PCR 结果，采用软件自动分析绘制溶解曲线（图 5-1）。

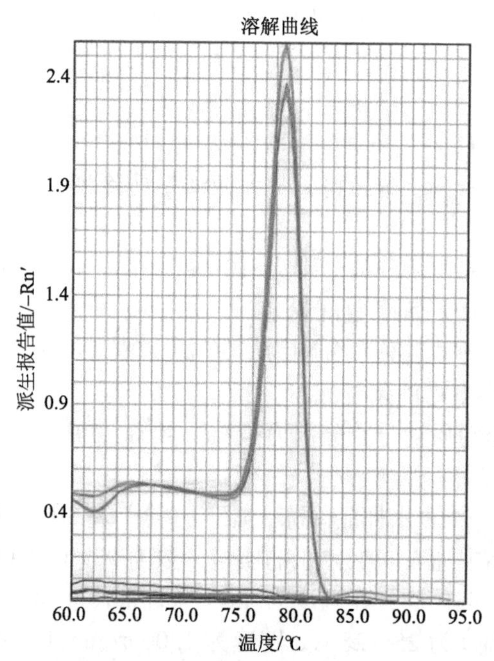

图 5-1　小麦粉、玉米粉、莜面粉、‘大西洋’马铃薯粉和‘夏波蒂’马铃薯粉 DNA 的溶解曲线

峰处从上到下依次为‘夏波蒂’马铃薯粉和‘大西洋’马铃薯粉

将复配粉基因扩增曲线和溶解曲线与马铃薯特异性基因扩增曲线和溶解曲线

比较，发现其相似性基本相同，说明待测复配粉中含有马铃薯成分；以马铃薯干物质质量分数的对数值为纵坐标，ST-LS1 基因扩增的 Ct 为横坐标，建立标准曲线，得到马铃薯含量与 Ct 之间的线性关系方程：

$$\lg x = k\mathrm{Ct}_x + b$$

式中，$\lg x$ 为待测样品中马铃薯干物质质量分数的对数值；Ct_x 为试样某马铃薯样品特异性检测体系扩增 Ct；k 为标准曲线的斜率；b 为标准曲线的截距。将待测样品的 Ct 代入已建立的标准曲线，计算待测样品中马铃薯干物质的质量分数。

5. 结果判定

待测样品 SYBR Green Ⅰ荧光定量 PCR 曲线如图 5-2、图 5-3 所示。而且结合标准曲线和溶解曲线得出结论：Ct≤34.5，且熔解温度（melting temperature）T_m 值为 78.19～78.59℃，可以判定待测样品中含有马铃薯成分。

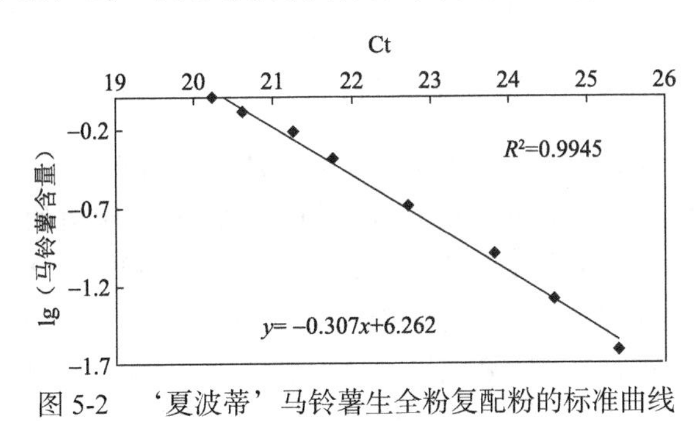

图 5-2　‘夏波蒂’马铃薯生全粉复配粉的标准曲线

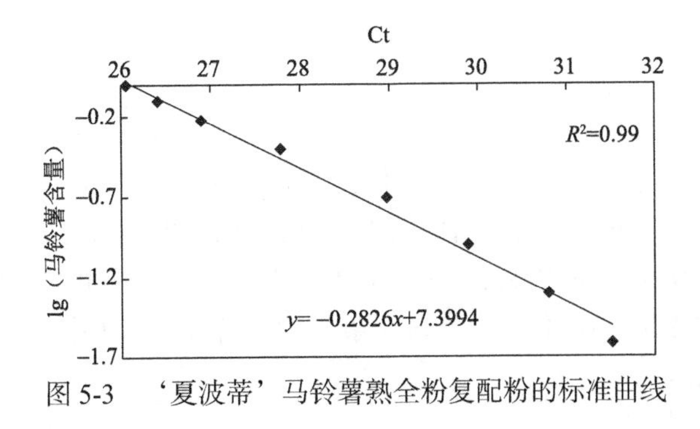

图 5-3　‘夏波蒂’马铃薯熟全粉复配粉的标准曲线

6. SYBR Green Ⅰ荧光定量 PCR 的特异性和敏感性验证实验

1）特异性实验

用小麦粉、玉米粉、莜面粉、‘大西洋’马铃薯粉和‘夏波蒂’马铃薯粉的 DNA 作为模板进行 SYBR Green Ⅰ荧光定量 PCR。结果显示：‘大西洋’马铃薯粉、‘夏波蒂’马铃薯粉样品的反应曲线呈“S”形，Ct 为 19～22；而小麦粉、玉米粉、莜面粉 DNA 的反应曲线为一条直线，为阴性结果（图 5-4）。重复实验 Ct 变异系数小于 5%，表明 SYBR Green Ⅰ荧光定量 PCR 的特异性强。

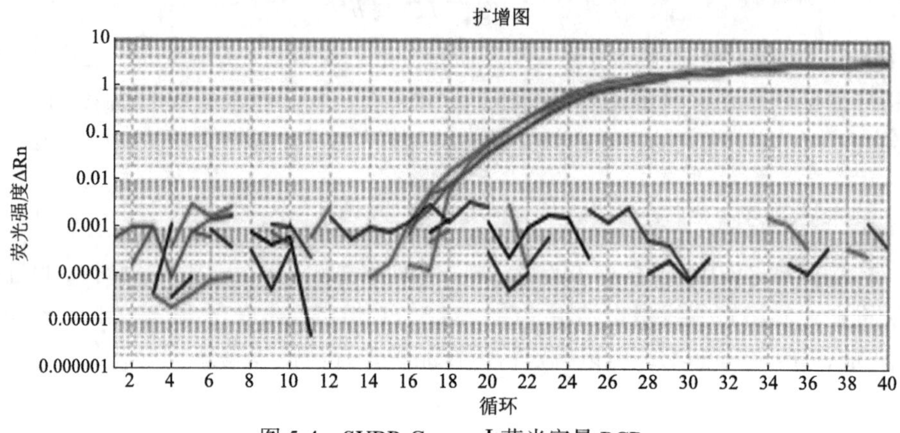

图 5-4　SYBR Green Ⅰ荧光定量 PCR

通过马铃薯龙葵素鼠李糖基转移酶基因的特异性引物，建立了马铃薯面条主食中马铃薯成分的实时荧光 PCR 检测方法。通过与 3 对已报道的马铃薯引物对比，所设计的引物具有较强的物种特异性，不参与小麦粉基因的扩增，表明应用实时荧光 PCR 技术能鉴别马铃薯食品中的马铃薯成分，可满足市场管理检测的需要。通过分析不同马铃薯质量占比复配粉的基因扩增阈值，可以检测出复配粉中马铃薯成分的质量占比。因此，荧光 PCR 检测方法是马铃薯面条等主食真伪鉴别的一种可靠方法。

2）敏感性实验

取 200ng 纯马铃薯粉 DNA 样品稀释 9 个梯度，取 1 梯度为模板进行 SYBR Green Ⅰ荧光定量 PCR 和普通 PCR，测定 SYBR Green Ⅰ荧光定量 PCR 的敏感性，并与普通 PCR 进行对比。结果发现该方法能检出 0.02ng 的标准阳性样品，而普通 PCR 只能检出 4ng 的标准阳性样品，即 SYBR Green Ⅰ荧光定量 PCR 的敏感性是普通 PCR 的 200 倍。马铃薯面条复配粉样品中的马铃薯占比用本检测方法可以精确到 0.01。

5.2.2　近红外光谱定量分析技术

近红外光谱技术是一种间接的快速分析技术，非常适合多组分物质的测定，具有测定速度快、操作简便、不耗费化学试剂等优点。其工作原理是，当近红外光照射到有机物质上时，与该物质化学键相同能级的近红外光会发生共振现象，被该物质的化学键所吸收形成了其特定的吸收光谱，同时该光谱中吸收峰的吸收值与该物质化学键的数量成正比，符合比尔定律。如果样品的组成相同，则其光谱也相同，反之亦然。通过建立光谱与待测参数的对应关系（称为分析模型），只要测得样品的光谱，通过光谱和上述对应关系，就能快速得到测定参数的数据。

近年来，近红外光谱技术越来越普遍地应用于食品领域中物质含量测定、掺假鉴伪和粮食品质检测等方面，具有检测速度快、样品需要量少、可实现无损检测等特点。近红外光谱技术在马铃薯方面的应用主要集中在马铃薯组分的测定（如马铃薯干物质、淀粉、蛋白质和糖含量等）、马铃薯品质和病理检测、品种鉴别分级等方面的研究。Krivoshiev 等（2000）应用近红外光谱技术建立了马铃薯可溶性固形物校正模型。李鑫（2016）应用近红外光谱技术进行马铃薯干物质含量测定和马铃薯品种鉴别的研究，取得了良好的结果。孟庆琰等（2015）利用近红外光谱技术成功对马铃薯全粉中蛋白质含量进行测定。吴晨等（2014）实现了马铃薯淀粉、糖分和干物质含量的近红外光谱法定量测定。许多学者还对马铃薯病理和品质检测、马铃薯分级和品种鉴定等进行了研究。

马铃薯全粉和小麦粉中均含有彼此特有的物质，因而当两者按照一定比例混合后，其特有物质均存在此消彼长的特点。基于这一特点和前人对其他产品的研究结果，利用近红外光谱技术快速测定马铃薯面条复配粉及马铃薯面条中的马铃薯成分所含比例是可行的。

近红外光谱技术测定马铃薯含量的流程主要包括马铃薯面条复配粉及其主食产品样品的收集、近红外光谱的扫描、近红外模型的建立和模型的验证（图 5-5）。

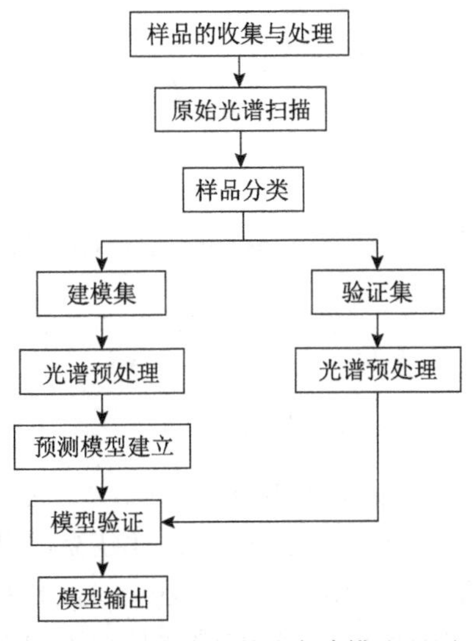

图 5-5　近红外光谱技术建模流程图

1. 马铃薯面条复配粉及面条样品的收集

近红外光谱分析的样品需要有足够的量，将收集到的样品先进行前处理，即将马铃薯面条复配粉及马铃薯面条样品进行粉碎，过 80 目筛，得到粉状样品备用。然后将样品分成建模集和验证集两部分。

2. 建模样品的扫描

将混合均匀的样品装入圆形黑色样品盒内，用刮板刮去多余的粉末使样品表面平整，然后旋紧样品盒盖，将样品盒放入近红外光谱仪的样品室内，开始扫描。

近红外光谱图主要反映物质的组成成分和成分含量，因为受多种因素（光照、粒度、密度和表面纹理等物理因素）的干扰，原始光谱曲线会产生基线漂移，并且含有噪声。近红外区的吸收主要是分子或原子振动基频在 2000cm^{-1} 以上，即波长在 2526nm 以下的倍频或合频吸收，又习惯将其划分为短波近红外（780～1100nm）和长波近红外（1100～2526nm）两个区域，主要包括 C—H、N—H、O—H 等含氢基团的倍频与合频吸收带。由于光谱曲线中部分波段受噪声影响严重，且研究表明 O—H 伸缩振动的三级和二级倍频分别发生在谱区的 910nm 和 980nm；C—H 伸缩振动的三级和二级倍频分别发生在谱区的 910nm 和 1100nm。这些特征吸收峰可能是 O—H 和 C—H 伸缩振动引起的。因此，光谱扫描范围选择在 890～1100nm 较适宜（图 5-6）。

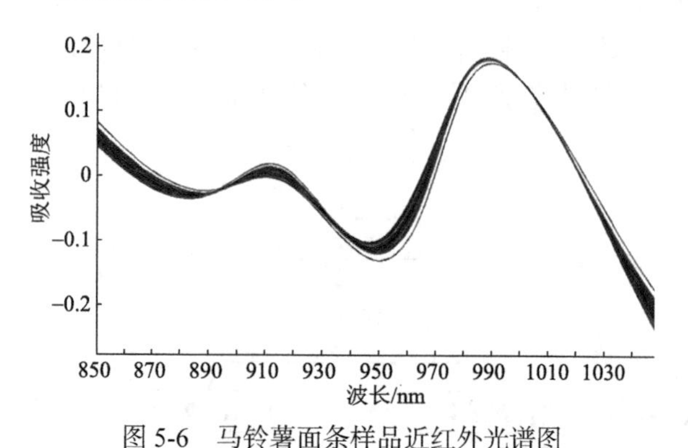

图 5-6　马铃薯面条样品近红外光谱图

3. 近红外光谱处理

近红外光谱采集时，会夹入许多高频随机噪声、基线漂移和光散射等噪声信息，从而干扰光谱信息与样本内有效成分，因此建立模型前必须对原始光谱进行预处理。常用的预处理方法有：S-G（Savitzky-Golay）平滑、导数处理、多元散射校正（MSC）和变量标准化等。S-G 平滑法是常用的平滑处理方法，针对光谱曲线进行低通滤波，保留有用低频信息，降低噪声，提高信噪比。采用近红外光谱检测时，样品的背景及其他干扰常导致光谱的位移或漂移。预处理中的导数处理可以消除基线漂移或平缓背景干扰的影响，强化谱带特征、克服谱带重叠，提供比原始光谱更高的分辨率和更清晰的光谱轮廓变化。MSC 主要是消除由于样品颗粒大小及密度不均匀产生的光散射影响，增强了与成分含量相关的光谱吸收信息，在固体颗粒样本光谱中应用地比较广泛。

马铃薯面条复配粉及面条主食近红外模型的预处理可以用 MSC 进行近红外光程的校正以消除光程差异。同时采用一阶导数或二阶导数对光谱进行平滑预处理，以减少光谱中的噪声等因素影响。

4. 近红外定标模型的建立

定标过程是将近红外光谱特征峰与马铃薯面条复配粉及面条主食样品百分含量之间建立起相关关系。将从近红外仪器中导出的光谱导入建模 Grams 软件中，并将每个光谱对应的目标值（实际马铃薯全粉比例）录入软件中，通过各种计算方法，结合交互验证，进行光谱范围的筛选等，将光谱特征吸收峰与目标值之间进行回归分析，建立定标方程。

常用的统计模型主要有偏最小二乘法（partial least square method）、主成分回归法（principal component regression method）、多元线性回归（multiple linear regression，MLR）分析等。

（1）偏最小二乘法。偏最小二乘法是一种基于因子分析的多变量校正方法，它是目前在光谱分析中应用最多的多元校正方法，可解决变量间多重相关性的问题。偏最小二乘法对光谱阵和浓度阵同时进行分解，并将含量信息引入光谱数据分析过程中，在计算主成分之前，交换光谱和浓度的得分，从而使光谱主成分和对应组分含量直接进行关联。提取的主成分不仅能很好地概括自变量的信息，而且对因变量具有很强的解释能力。在偏最小二乘法中，主成分个数的确定一般采用交叉证实法。交叉证实法包括外部证实法和内部证实法。

（2）主成分回归法。在进行多元回归分析时，多重共线性问题会导致用偏最小二乘法得到的回归模型的预测精度大大降低，回归系数的估计值对样本数据的微小变化变得非常敏感，稳定性差。主成分回归法的主要思想是从自变量中导出少数几个主成分量，使它们尽可能完整保留原始变量的信息，并且变量间不相关。抽取主成分并还原的过程，虽不能完全消除多重共线性，但一般条件下会明显改善。

（3）多元线性回归分析。多元线性回归分析也是近红外分析法中常应用的处理方法。

经过多种计算方法的尝试，最终确定采用 MSC 和 S-G-1st 分别对原始光谱进行预处理得到最佳预测模型。在全光谱（850～1100nm）范围内，采用偏最小二乘法合并变异系数的方法，并根据最佳的定标集交互定标标准误差（standards error of cross-validation，SECV）值和模型决定系数（coefficient of determination of calibration，R2c）的大小，确定预测马铃薯面条复配粉及面条主食中马铃薯组分的最佳主因子数为 9。用此定标方程计算出样品的近红外预测值。马铃薯面条复配粉及面条主食中马铃薯占比的实际值及近红外预测值相关图如图 5-7 所示。

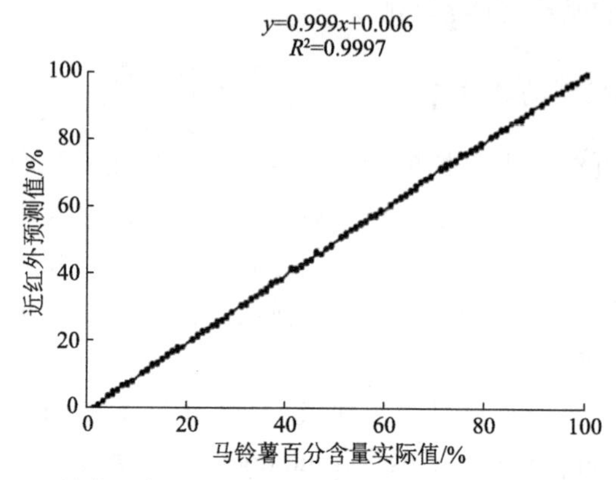

图 5-7　马铃薯面条中马铃薯的百分含量实际值和预测值相关图

5. 模型的验证

将建立的定标模型导入近红外光谱仪中，并对 15 个验证样品进行扫描，每个样品扫描 5 次，得到验证样品的检测结果，与样品的实际百分含量对比，以此来验证定标方程的准确性和可靠性。实验中为了评价模型的预测能力和实用性，引入了如下几个评价参数。通过验证相关系数（correlation coefficient of validation，R^2P）、验证标准偏差（standard error of validation，SEV）、重复性标准差（repeatability standard deviation，SDr）和重复性变异系数（repeatability coefficient of variation，CVr）等参数对模型进行内部验证，最后通过外部验证考察模型的准确性和适应性。

近红外光谱是一种环境友好、快速的无损检测方法。结果表明，其预测模型具有相关性高、标准差小、重复性好，无需任何预处理的特点。采用近红外光谱法测定马铃薯与其他谷物类食品混合主食中马铃薯成分的占比是可行的，为马铃薯面条等主食中马铃薯占比的快速测定提供技术支持。

参 考 文 献

褚小立, 陆婉珍. 2014. 近五年我国近红外光谱分析技术研究与应用进展. 光谱学与光谱分析, 10: 2595-2605.

高荣强, 范世福. 2002. 现代近红外光谱分析技术的原理及应用. 分析仪器, 3: 9-12.

何贤用. 2009. 马铃薯全粉加工技术与市场. 食品科技, 9: 160-162.

李民赞. 2002. 光谱分析技术及其应用. 北京: 科学出版社.

李鑫. 2016. 基于近红外光谱的马铃薯品种鉴别及干物质含量检测方法研究. 大庆: 黑龙江八一农垦大学.

孟庆琰, 何建国, 刘贵珊, 等. 2015. 基于近红外光谱技术的马铃薯全粉蛋白质无损检测. 食品科技, 40(3): 287-291.

尼珍, 胡昌勤, 冯芳. 2008. 近红外光谱分析中光谱预处理方法的作用及其发展. 药物分析杂志, (5): 824-829.

阮治纲, 李彬. 2011. 近红外光谱分析技术的原理及在中药材中的应用. 药物分析杂志, 2: 408-417.

温珍才, 孙通, 许朋, 等. 2015. 可见/近红外联合变量优选检测油茶籽油掺假. 江苏大学学报(自然科学版), 6: 673-678.

吴晨, 何建国, 贺晓光, 等. 2014. 基于近红外高光谱成像技术的马铃薯淀粉含量无损检测. 河南工业大学学报(自然科学版), 5: 11-16.

徐芬. 2016. 马铃薯全粉及其主要组分对面条品质影响机理研究. 北京: 中国农业科学院农产品加工研究所.

薛雅琳, 王雪莲, 张蕊, 等. 2010. 食用植物油掺伪鉴别快速检验方法研究. 中国粮油学报, 10: 116-118.

姚晓静, 张泓, 张春江, 等. 2018. 复配粉中马铃薯成分实时荧光 PCR 检测方法的建立. 核农学报, 32(2): 297-303.

张婧婷, 吴建虎, 蔡亚琴. 2015. 可见/近红外反射光谱法检测马铃薯抗性淀粉含量的研究. 食品安全质量检测学报, 8: 3014-3020.

周昭露, 李杰, 黄生权, 等. 2016. 近红外光谱技术在中药质量控制应用中的化学计量学建模: 综述和展望. 化工进展, 6: 1627-1645.

Arun K B, Chandran J, Dhanya R, et al. 2015. A comparative evaluation of antioxidant and antidiabetic potential of peel from young and matured potato. Food Bioscience, 9: 36-46.

Bernhard T, Truberg B, Friedt W, et al. 2016. Development of near-infrared reflection spectroscopy calibrations for crude protein and dry matter content in fresh and dried potato tuber samples. Potato Research, 59(2): 149-165.

Brownlee I A. 2011. The physiological roles of dietary fibre. Food Hydrocolloids, 25(2): 238-250.

Chen J Y, Zhang H, Miao Y, et al. 2010. Nondestructive determination of sugar content in potato tubers using visible and near infrared spectroscopy. Japan Journal of Food Engineering, 11(1): 59-64.

Dahl W J, Stewart M L. 2015. Position of the academy of nutrition and dietetics: health implications of dietary fiber. Journal of the Academy of Nutrition and Dietetics, 115(11): 1861-1870.

Drewnowski A. 2005. Concept of a nutritious food: toward a nutrient density score. The American Journal of Clinical Nutrition, 82: 721-732.

Drewnowski A, Fulgoni V L. 2008. Nutrient profiling of foods: creating a nutrient-rich food index. Nutrition Reviews, 66(1): 23-39.

Haase N U. 2003. Estimation of dry matter and starch concentration in potatoes by determination of under-water weight and near infrared spectroscopy. Potato Research, 46(3-4): 117-127.

Haase N U. 2006. Rapid estimation of potato tuber quality by near-infrared spectroscopy. Starch-Stärke, 58(6): 268-273.

Hansen R G, Wyse B W, Sorenson A W. 1979. Nutrition quality index of food. Paris: Presse Medicale.

Huang Y J, Xu F, Hu H H. et al. 2018. Development of a predictive model to determine potato flour content in potato-wheat blended powders using near-infrared spectroscopy. International Journal of Food Properties, 21(1): 2030-2036.

Kendall C W C, Esfahani A, Jenkins D J A. 2010. The link between dietary fibre and human health. Food Hydrocolloids, 24(1): 42-48.

Krivoshiev G P, Chalucova R P, Moukarev M I. 2000. A Possibility for elimination of the interference from the peel in nondestructive determination of the internal quality of fruit and vegetables by Vis/NIR spectroscopy. LWT-Food Science and Technology, 33(5): 344-353.

Kumaravelu C, Gopal A. 2015. Detection and quantification of adulteration in honey through near infrared spectroscopy. International Journal of Food Properties, 189: 1930-1935.

Li S F, Zhang X, Shan Y, et al. 2017. Qualitative and quantitative detection of honey adulterated with high-fructose corn syrup and maltose syrup by using near-infrared spectroscopy. Food Chemistry, 218: 231-236.

López-Maestresalas A, Keresztes J C, Goodarzi M, et al. 2016. Non-destructive detection of blackspot in potatoes by vis-NIR and SWIR hyperspectral imaging. Food Control, 70: 229-241.

McGill C R, Kurilich A C, Davignon J. 2013. The role of potatoes and potato components in cardiometabolic health: a review. Annals of Medicine, 45: 467-473.

Mudgil D, Barak S. 2013. Composition, properties and health benefits of indigestible carbohydrate polymers as dietary fiber: a review. International Journal of Biological Macromolecules, 61: 1-6.

Tierno R, Hornero-Méndez D, Gallardo-Guerrero L, et al. 2015. Effect of boiling on the total phenolic, anthocyanin and carotenoid concentrations of potato tubers from selected cultivars and introgressed breeding lines from native potato species. Journal of Food Composition and Analysis, 41: 58-65.

Tierno R, López A, Riga P, et al. 2016. Phytochemicals determination and classification in purple and red fleshed potato tubers by analytical methods and near infrared spectroscopy. Journal of the Science of Food and Agriculture, 96: 1888-1899.

Waglay A, Karboune S, Alli I. 2014. Potato protein isolates: recovery and characterization of their properties. Food Chemistry, 142: 373-382.

Wu Y, Hu H H, Dai X F, et al. 2019. Effects of dietary intake of potatoes on body weight gain, satiety-related hormones, and gut microbiota in healthy rats. RSC Advances, 9: 33290-33301.

Xu F, Hu H H, Dai X F, et al. 2017. Nutritional compositions of various potato noodles: comparative analysis. International Journal of Agricultural and Biological Engineering, 10(1): 218-225.

Zhao J W, Chen Q S, Huang X Y, et al. 2006. Qualitative identification of tea categories by near infrared spectroscopy and support vector machine. Journal of Pharmaceutical and Biomedical Analysis, 414: 343-351.

Zhuang X G, Wang L L, Chen Q, et al. 2016. Identification of green tea origins by near-infrared (NIR) spectroscopy and different regression tools. Science China Technological Sciences, 60: 84-90.

索　引